保护培育黑土地　高产高效可持续

# 东北地区的保护性耕作技术——梨树模式

李保国　王贵满◎主编

U0345194

科学技术文献出版社
SCIENTIFIC AND TECHNICAL DOCUMENTATION PRESS

·北京·

**图书在版编目（CIP）数据**

东北地区的保护性耕作技术：梨树模式 / 李保国，王贵满主编. —北京：科学技术文献出版社，2019.8
　ISBN 978-7-5189-5947-1

　Ⅰ.①东… Ⅱ.①李… ②王… Ⅲ.①资源保护—土壤耕作—农业科技推广—研究—东北地区 Ⅳ.① S341

中国版本图书馆 CIP 数据核字（2019）第 173739 号

**东北地区的保护性耕作技术——梨树模式**

策划编辑：李　蕊　责任编辑：李　鑫　责任校对：文　浩　责任出版：张志平

| | |
|---|---|
| 出　版　者 | 科学技术文献出版社 |
| 地　　　址 | 北京市复兴路15号　　邮编　100038 |
| 编　务　部 | （010）58882938，58882087（传真） |
| 发　行　部 | （010）58882868，58882870（传真） |
| 邮　购　部 | （010）58882873 |
| 官　方　网　址 | www.stdp.com.cn |
| 发　行　者 | 科学技术文献出版社发行　全国各地新华书店经销 |
| 印　刷　者 | 北京时尚印佳彩色印刷有限公司 |
| 版　　　次 | 2019 年 8 月第 1 版　2019 年 8 月第 1 次印刷 |
| 开　　　本 | 710×1000　1/16 |
| 字　　　数 | 138千 |
| 印　　　张 | 10.25 |
| 书　　　号 | ISBN 978-7-5189-5947-1 |
| 定　　　价 | 86.00元 |

## 《东北地区的保护性耕作技术——梨树模式》
# 编委会

**主　编**　李保国　王贵满

**副主编**　解宏图　林　宏　刘亚军　赵丽娟

**编　委**（以姓氏笔画为序）

# 序 言

这是一本介绍梨树人民保护黑土地的书。本书将向读者介绍什么是"梨树模式";"梨树模式"是怎样形成的;"梨树模式"的经济、社会、生态效益如何。

简单地说,"梨树模式"就是秸秆全量覆盖,免耕播种,达到保持土壤水分、防治土壤风蚀水蚀、培肥土壤肥力、减少土壤耕作、节约成本等多种功效为一体的、环境友好的农业技术模式。说起来简单,做起来难。中国科学院沈阳应用生态研究所自 2007 年以来,长期开展保护性耕作定位实验,用 13 年时间和实践统一了干部、专家和农民的思想认识,在大旱的 2018 年,东北 500 万亩保护性耕作玉米终于获得了大丰收,比传统种植玉米增产 20%。农机工作者研制出了集各项先进技术于一体的玉米免耕播种机,播种质量达到了国外同类机械水平。农机手针对秸秆覆盖地温低的缺点,创造性地发明了秸秆归行机,为玉米播种中归出一个裸地条垄,把玉米种子播在太阳能晒到的地上,保证了玉米实时播种和出苗。中国科学院沈阳应用生态研究所、中国农业大学、梨树县农业技术推广总站等科研院所、推广部门围绕黑土地保护开展了多学科研究,总结和提升了"梨树模式"的经验和理论。梨树县的各级领导干部、农业技术推广人员、农业合作社领头人都为"梨树模式"的建立和推广贡献了力量。

"梨树模式"为中国农业绿色发展提供了一个成功的样板。希望农业工作者都能读一读这本书,同时请大家思考两个问题:一个是你所研究和推广的模式是否是绿色的？如果是，能否也下定决心经过若干年的努力使其成为当地模式？另一个是保护性耕作在美国推广面积超过耕地面积的60%，在巴西、阿根廷、巴拉圭、澳大利亚等国推广面积超过耕地面积的70%。巴西、阿根廷、巴拉圭、澳大利亚四国的推广保护性耕作和我国差不多同时起步，但我国现在只推广了1亿亩，仅占耕地的5.6%。我们是否该努力了！

路 明

原农业部副部长、民建中央副主席

2018 年 9 月 19 日

# 发展保护性耕作技术 促进耕地质量提升

2011 年 11 月 FAO 发布《世界粮食和农业领域土地及水资源状况——濒危系统的管理》报告指出：由于人口不断增长、消费水平逐渐提升，2050 年全球粮食产量必须在目前基础上提高 70% 才能满足全人类的需求，但土地资源和水资源普遍退化，将对粮食生产造成严重影响，对世界粮食安全构成威胁。未来要保证全球的粮食安全必须提高农业用水效率、创新耕作方法，以及加大对农业的投资力度。2015 年为国际土壤年，当年 12 月 4 日发布的由 60 个国家的 200 多名土壤学家完成的《世界土壤资源状况》报告指出：生命依赖于土壤，土壤面临着威胁，全球土壤状况不佳。人类的出路必须进行可持续土壤管理。

2017 年 FAO 和 GSP（全球土壤伙伴）联合颁布了《可持续土壤管理准则》，其内容包括：尽量减少土壤侵蚀；提高土壤有机质含量；促进土壤养分均衡和循环转化；防止、尽量减少和减缓土壤盐渍化；防止和尽量减少土壤污染；防止和尽量减少土壤酸化；保持和加强土壤生物多样性；尽量减少地表硬化；防止和减缓土壤板结；完善土壤水管理。

依照上述准则和近几十年来对土壤利用和管理全球范围的研究理论与实践，发展保护性耕作技术或保护性农业体系或免耕少耕技术，促进耕地质量提升应是农业可持续发展方式，必须大力推广与发展完善。

保护性耕作技术，一开始是为了防治土地过度开垦所引起的沙尘暴、水土流失而发展起来的，其要点是种植作物尽量减少或不进行耕翻，并把残茬留在土壤表面让其自然分解。随着研究的深入和拓展，特别是与轮作、间作种植的结合，众多研究已证明：由于其过程最接近自然土壤形成过程，可减少土壤侵蚀，提高土壤保水贮水能力，提高土壤有机质，改善土壤结构和通气性，有益于土壤微生物、动物活动等，从而可以保持和提高耕地质量。另外，秸秆覆盖还田，防止了秸秆焚烧造成的大气环境污染；耕作次数降到最低，为农民节省燃料或机械动力的投入成本。保护性耕作技术对耕地可持续利用和生态系统服务功能的综合效益如图0.1所示。

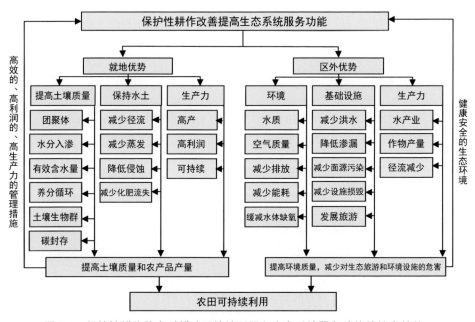

图0.1 保护性耕作技术对耕地可持续利用和生态系统服务功能的综合效益

著名土壤学家Weil R R(2016)所著的土壤学教材中也对此进行了系统总结，他指出，耕作主要是土壤的容重和孔隙度，是土壤保持一个良好的团聚结构，以便土壤发挥其关键的生态系统功能，为此给出了如下土壤耕作管理的通用指南（虽然每种土壤具有独特性的环境条件和问题，但下述建议对土壤耕作管理还是通用的）。

①最小化耕作，尤其是翻耕、耙、旋耕的次数，以减少稳定团聚体有机质的损失。

②选择最佳土壤水分条件，适时下地进行耕作活动，尽量减少对土壤结构的破坏。

③利用作物残茬或植物残余物覆盖土壤表面，增加有机质，促进蚯蚓活动，保护团聚体免受雨水和直接太阳辐射的影响。

④添加秸秆、施用堆肥和动物厩肥，有效促进土壤微生物分解物的供给，有助于土壤团聚体的稳定。

⑤利用有助于维持土壤有机质，提供最大团聚作用的细根系草地作物等进行轮作，保持稳定的土壤团聚体，并确保一定时期内不要进行耕作。

⑥在可行的情况下，种植覆盖作物和绿肥作物。

⑦施用石膏或与合成聚合物联合施用，对于稳定地表团聚体，特别在灌溉土壤中是非常有用的。从中我们可以看出免耕少耕技术是最为核心的内容。

近10多年来，我们在梨树县提出、发展与推广"梨树模式"，其核心也是实施保护性耕作技术，减少黑土地耕层土壤扰动，增加地表覆盖。在降低侵蚀，蓄水保水，改善土壤生物性状，提高有机质，培肥地力，保护耕地，保护环境，节能减排，稳产高产，节本增效方面效果明显。

如何在东北地区乃至我国南北旱作地区大力推广和完善保护性耕作技术，需要农学、农业机械、土壤等学科的大力融合，发展适用于不同地区的相应模式。

我们的座右铭应是：为保护和可持续利用土壤，机械尽量少进地；尽量不要耕翻；秸秆还田是王道；尽量秸秆全部覆盖还田；能免耕一定要免耕。

李保国

中国农业大学土地科学与技术学院院长

2019 年 7 月 1 日

# 目 录

# 第1章

# "梨树模式"的研发历程

## 第1节　"梨树模式"产生的背景

黑土是一种拥有黑色或暗色腐殖质表土层、性状好、肥力高、非常适合植物生长的土壤，人们总是用"一两土二两油"来形容它的肥沃与珍贵，因而黑土地不仅是世界上最宝贵的不可再生土壤资源，同时也是大自然给予人类的得天独厚的宝藏。北半球仅有三大块黑土区，分别是乌克兰的乌克兰平原、美国的密西西比平原、中国的东北平原。

我国东北平原黑土区，一直以来是我国主要的商品粮基地，对国家粮食安全起着举足轻重的作用。近年来，土壤退化严重制约着东北粮食主产区作物生产潜力的发挥，威胁着农业可持续发展。与开垦前相比，黑土耕层的有机质含量下降了50%～60%（图1.1），土壤潜在生产力下降了20%以上，而且仍在以年均5‰的速率下降。

据不完全统计，吉林省黑土地水土流失面积多达 2.59 万 km²，占总面积的 26.8%，因水土流失形成的长度在 100 m 以上的侵蚀沟有 3 万余条；东北平原黑土层的平均厚度已由新中国成立初期的 60～70 cm，下降到目前的 20～30 cm，而且还在以每年 0.3～1.0 cm 的速度流失，照此速度，再过 50 年，东北粮食主产区作物的产量将大幅下降，将严重威胁我国的粮食安全（图1.2 至图1.4）。

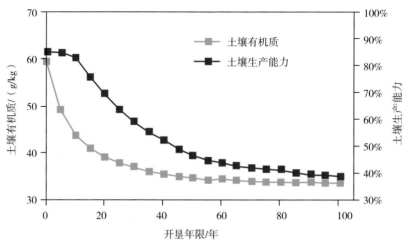

图 1.1 东北平原区耕地土壤有机质和生产能力随开垦年限的变化逐步下降

引自：韩晓增，李娜.中国东北黑土地研究进展与展望 [J].地理科学，2018，38（7）：1032−1041.

图 1.2 梨树县沙尘天气

图1.3 土壤风蚀

图1.4 土壤水蚀

因此，防止东北黑土退化，恢复和重建黑土的高产高效生产功能，实现农业生产可持续发展，是东北粮食主产区农业和经济发展急需解决的重大问题。

此外，对化肥、农药的过度依赖和落后的耕作方式也导致了土壤板结硬化，且对水、肥、气、热的储存、调控和转化能力明显减弱。黑土退化问题已非常严峻，不仅使农业生产效益降低，更带来了一系列严重的生态环境问题。

梨树县位于中国东北地区的吉林省西南部，地处松辽平原腹地，位于世界"北半球三大黑土带"和"黄金玉米带"之上，土壤肥沃，地势平坦，禀赋优越。农业作为梨树的主导产业，基础十分雄厚，常年粮食总产量达 60 亿斤，人均占有粮食、人均贡献粮食、粮食单产和粮食商品率 4 项指标均在全国名列前茅，素有"东北粮仓"和"松辽明珠"之美誉。21 世纪以来，梨树县粮食连年增产，农民收入连年提高，然而却也面临着土壤退化、农业生态环境恶化、农业经营模式粗放、农业生产现代化程度不高等诸多瓶颈性问题，梨树县农业进入了由产量高速增长向高质量发展转型的新阶段。

在这一现实背景下，为了保障我国的粮食供应安全，促进东北平原黑土区的农业可持续发展，给我们的子孙后代守住这片"黑土宝藏"，梨树县联合中国科学院沈阳应用生态研究所、东北地理与农业生态研究所、中国农业大学等科研院所及相关农机生产企业，在系统分析美国、加拿大等国家免耕栽培技术研究与应用的基础上，研发并创建了适合我国东北黑土区的玉米秸秆覆盖全程机械化栽培技术，经过 10 余年的探索和实践，逐渐摸索出了一条适合我国国情的黑土地保护与利用的新路径，并将其总结为"梨树模式"。

2016 年 3 月 2 日，农民日报以"非'镰刀弯'地区玉米怎么种——'梨树模式'值得借鉴"为题进行了整版报道，对这项新的玉米种植方式给予了认定，引起了多方关注。

# 第 2 节　"梨树模式"的研究与推广历程

"梨树模式"的研究与推广始于 2007 年，至今经历了 13 个年头，从建立第一块面积 225 亩试验基地以来，经历了试验、示范、推广 3 个阶段，目前已在东北四省区推广 1500 万亩，并研制出中国第一台免耕播种机。

## 一、建立试验示范基地

2007 年，由中国科学院沈阳应用生态研究所张旭东研究员牵头，在梨树县中部黑土区、西北部风沙区建立了 3 个研究示范基地，并开展相应的研究示范工作。2010 年 3 月，梨树镇高家示范基地被中国科学院确定为中国科学院保护性耕作研发基地（图 1.5、图 1.6）。目前，梨树县境内的研究示范基地已扩展为 8 个，总面积约 3 万亩，覆盖梨树县各个不同区域，也代表了吉林省大部分典型农区的基本情况。

图 1.5　梨树县梨树镇高家示范基地

图 1.6 梨树县梨树镇高家示范基地的玉米地

2010 年，中国农业大学在梨树县建立了梨树实验站，2011 年 9 月正式挂牌成立，是中国农业大学与梨树县政府共建的综合性农业生态系统实验站。实验站建有 1.6 万平方米集办公、实验、电教、住宿于一体的综合大楼，同时建立了 300 亩集现代农业科研、教学、培训、试验的示范基地，开展了土壤、土地资源管理、植物营养、气象、生态、环境科学、农学等多学科的研究、分析和测试（图 1.7、图 1.8）。

　　几年来中国农业大学吉林梨树实验基地共举办 11 次高端论坛，100 多位国内外专家到会并做专题报告。举办的"梨树黑土地论坛"初步形成了专家学者交流互动的平台、科学研究互补互促的平台、科技成果展示辐射的平台、人才培育技术培训的平台。

图 1.7　中国农业大学吉林梨树实验站

　　实验站已成为东北粮食主产区重要的"三农"研究基地。2012 年，实验站被吉林省人事厅专家服务中心授予"吉林省农业标准化示范专家服务基地"称号，2014 年，被农业部授予"国家农业科技创新与集成示范基地"称号。2013 年以来，中国农业大学新农村发展研究院梨树教授工作站、国土资源部农用土地质量与监控及土地整治重点实验室科研工作站、吉林省梨树黑土地保护与利用院士工作站相继落户中国农业大学吉林梨树实验站。2018 年成立了中国农业大学黑土地现代农业研究院。

面向未来，实验站将针对中国黑土地保护与利用、农业可持续发展等重大科技难题开展探讨研究，建立完善区域可持续农业技术示范样板和培训基地，着力解决中国农业发展道路、农业现代化建设问题，逐步打造成高端论坛、科技创新、成果转化、人才培养和服务三农创新平台。

图1.8 中国农业大学吉林梨树实验站基地

## 二、配套机械的研究与开发

免耕播种机、深松机、收获机，这三类机具是实施玉米秸秆全覆盖免少耕栽培技术的关键机具。为此，2008年由中国科学院东北地理与农业生态研究所关义新研究员牵头，联合农机制造企业开始了对配套免耕播种机的研制。同年，第一台免耕播种机问世，实现了与玉米秸秆覆盖全程机械化栽培技术配套的主要机具装备国产化，解决了耕地秸秆多、播种难的问题（图1.9）。

图 1.9  首台免耕播种机

2009 年 8 月 16 日，吉林省农业委员会组织有关专家对该产品进行鉴定，专家组一致认为"该小型圆盘免耕播种机属国内首创，技术性能达到国内领先水平"。到 2017 年，该型免耕播种机已经发展到第 6 代，技术性能成熟优异，完全可以替代进口产品，累计投放市场 9000 余台，在全国 10 个省区广泛应用。同时，该型机具还获得了吉林省科技成果、吉林省名牌产品、3 项国家专利等多种荣誉。目前，免耕播种机、深松整地联合作业机和专用收获机均在玉米秸秆覆盖全程机械化栽培技术中得到了广泛应用。

## 三、免耕条件下耕作方式的研究

2010 年，由中国农业大学资源与环境学院任图生教授牵头，在梨树县泉眼沟村建立了占地面积 56 亩的试验研究基地（图 1.10）。该基地主要研究免耕条件下行距的最佳配比，免耕条件下的深松方法和措施，秸秆覆盖的比例和方法，以及作物轮作制度体系的建立等。

图 1.10    中国农业大学梨树实验站基地免耕试验田

在多年研究的基础上，制定了 3 种耕作模式并编写了相应的操作规程，分别为《玉米秸秆全覆盖等行距垄作少免耕栽培技术规程》、《玉米秸秆全覆盖等行距平作少免耕栽培技术规程》和《玉米秸秆全覆盖宽窄行少免耕栽培技术规程》，详细地制定了实施过程中的技术要求和操作要点。目前，这 3 个规程已取得知识产权保护并申请确定为吉林省地方标准。

## 四、玉米秸秆覆盖免耕技术的示范推广

近 10 年来，在梨树县委县政府的领导下，由梨树县农业技术推广总站站长王贵满研究员牵头，开展"梨树模式"的示范推广工作。在这 10 余年间，开展推广示范工作的相关人员通过在梨树县梨树镇高家村、四棵树乡付家街村进行的定位试验研究，已经摸索出一套适合东北地区的玉米秸秆全覆盖全程机械化免耕播种的全新技术模式，并通过建设独特的推广宣传网络体系来促进"梨树

模式"有效的推广。一是开展"2123 工程"，即在全县打造以 2 个国家级试验基地、10 个专业性试验示范基地、20 个乡镇级综合试验示范基地、300 个覆盖全县的村级示范推广基地，形成引领全县、各有侧重、层次鲜明的农业科技示范基地网络，为推广"梨树模式"提供样板。二是实施"331 工程"，即在每个乡镇建设 30 个百亩方，3 个千亩方，1 个万亩方。共建立 20 个万亩示范片、60 个千亩核心区、600 个百亩示范户，总覆盖 21 个乡镇、314 个村，累计面积为 32 万亩。示范方以"梨树模式"作为主体技术，以合作社为载体，推进土地规模化、技术标准化、商品品牌化，为现代农业的发展奠定了基本格局。三是成立"梨树模式"讲师团，即聘请中国科学院、中国农业大学专家教授为顾问，组织农业、农机等方面的专家成立"梨树模式"讲师团，加强师资培训，对每个乡镇技术人员进行单独培训，对"梨树模式"进行系统的讲解，同时，通过制定特色挂历、编制"梨树模式"技术手册等形式，加大"梨树模式"的宣传力度，省农委也将此项技术制成动漫片，方便广大农民学习和接受。目前，成立了黑土地保护与利用科技创新联盟，在东北四省区建立试验示范基地 61 个，总示范面积达 22 万亩。

# 第 2 章
# "梨树模式"的内容

　　"梨树模式"是玉米秸秆还田的一种方式，在玉米种植过程中将秸秆全部还田并覆盖在地表，将耕作次数减少到最少，田间生产环节全部实现机械化，包括收获与秸秆覆盖、土壤疏松、免耕播种与施肥、病虫草害防治的全程机械化技术体系（图2.1）。

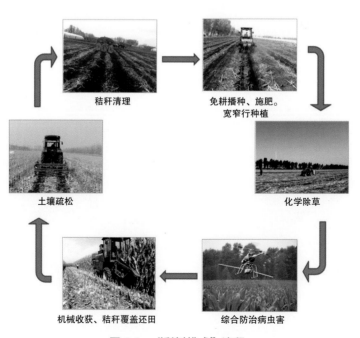

秸秆清理　　　　　　　　免耕播种、施肥。
　　　　　　　　　　　　宽窄行种植

土壤疏松

化学除草

机械收获、秸秆覆盖还田　　　综合防治病虫害

图 2.1　"梨树模式"流程

"梨树模式"率先解决了东北黑土区玉米连作、秸秆焚烧导致的土壤退化及衍生的环境问题，是对耕地质量保护最直接、最简单、最经济、最有效、最容易被农民接受的秸秆还田方式，对黑土地的保护与利用起到了积极的作用，为实现粮食持续稳产、高产提供了保障。

# 第1节　概述

## 一、原理

"梨树模式"是将玉米等旱田作物的秸秆直接覆盖还田于土壤的一种方法。农业生产的过程也是一个能量转换的过程。作物在生长过程中要不断消耗能量，也需要不断补充能量，不断调节土壤中水、肥、气、热的含量。秸秆中含有大量的新鲜有机物料，在归还于农田之后，经过一段时间的腐解作用，就可以转化成有机质和速效养分。既可改善土壤理化性状，也可供应一定的氮、磷、钾等养分，尤其是可供应大量钾。秸秆覆盖在地表，增加地表的覆盖率，减少水土流失。秸秆覆盖还田可促进农业节水、节成本、增产、增效，在环保和农业可持续发展中也应受到充分重视。

## 二、技术优势

"梨树模式"在保护土壤水分、控制水土流失和减少秸秆在田间燃烧污染环境方面起到了引领的作用，且秸秆腐解后的有机物质能直接进入土壤表层，表土有机质和微生物碳含量迅速提高。主要表现在以下 6 个方面。

### 1. 蓄水保墒

秸秆覆盖免耕保持了土壤孔隙度，使孔径分布均匀，连续且稳定，因此有较高的入渗能力和保水能力，可把雨水和灌溉水更多的保持在有效土层内。而覆盖在地表的秸秆又可减少土壤水分蒸发，在干旱时，土壤的深层水容易因毛细管作用而向上输送，所以秸秆覆盖和免耕增强了土壤的蓄水功能，提高了作物对土壤水分的利用率。据测定，秸秆覆盖免耕地块保水能力相当于增加 40～50 mm 降水。据中国科学院沈阳应用生态研究所的研究，连续免耕覆盖 5 年后测定，免耕覆盖能够增加土壤含水量。免耕无覆盖（NT）、玉米秸秆全覆盖（NTS）和垄作（RT），耕层土壤含水量表现为 NTS＞NT＞RT。不同耕作方式对土壤含水量影响最大的是表层 0～10 cm。NTS 处理和 NT 处理在整个期间一直保持较高的土壤含水量，特别是 NTS 处理较 RT 处理土壤含水量增加了 30%～78%，NT 处理较 RT 处理土壤含水量增加了 6.9%～49.2%；在 11～20 cm 土层，NTS 处理土壤含水量一直维持在一定水平，基本无变化，而 NT 处理和 RT 处理的变化较为相似，均低于 NTS 处理；在 21～30 cm 土层，3 种耕作方式的含水量变化无明显差别，NTS 处理前期土壤含水量较高，在播种期（5月1日左右）至出苗期，NTS 处理的土壤含水量基本上在最大田间持水量的 75%～82%（图 2.2）。

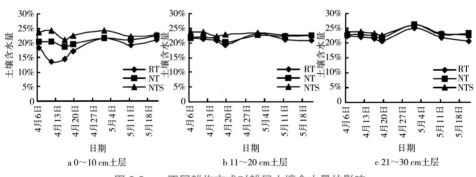

图 2.2　不同耕作方式对耕层土壤含水量的影响

引自：董智，解宏图，张立军，等. 东北玉米带秸秆覆盖免耕对土壤性状的影响 [J]. 玉米科学，2013，21（5）：100-103，108.

### 2. 培肥土壤

连年秸秆覆盖还田，土壤有机质呈递增趋势；土壤中的氮、磷、钾、速效钾、速效氮、速效磷含量增加。表层 0～5 cm 形成有机质积累，秸秆全覆盖免耕 5 年后，土壤有机质可以增加 20% 左右，减少化肥用量 20% 左右（图 2.3）。

据中国科学院沈阳生态所研究，秸秆全覆盖（NTS）后，土壤有机质积累

图 2.3 秸秆覆盖腐烂状

主要在表层 0 ~ 5 cm，连续覆盖 5 年后，土壤有机质增加了 29.1%，RT 处理 和 NT 处理的增加仅为 4.3% 和 5.6%；在 6 ~ 10 cm 土层，有机质增加最大的为 RT 处理，增量达 14.6%，NTS 处理增量为 14.3%，NT 处理增量为 5%；在 11 ~ 20 cm 土层，RT 处理和 NT 处理的增量变化接近，分别为 5.3% 和 5.0%，均低于 NTS 处理。耕作方式的改变对表层土壤有机质影响不显著，有机质增加的主要影响 因素为秸秆还田（表 2.1）。

表 2.1 不同耕作方式对土壤有机质积累的影响

| 土壤深度 /cm | 土壤有机质含量 /（g/kg） | | | |
|---|---|---|---|---|
| | RT2007 | RT2011 | NT2011 | NTS2011 |
| 0 ~ 5 | 20.52 ± 0.12 | 21.58 ± 0.63 | 21.68 ± 0.63 | 26.41 ± 1.53 |
| 5 ~ 10 | 20.32 ± 0.15 | 23.38 ± 0.25 | 21.48 ± 0.26 | 23.00 ± 0.87 |
| 10 ~ 20 | 19.92 ± 0.15 | 20.76 ± 0.18 | 21.04 ± 0.15 | 21.87 ± 0.78 |

3. 减少侵蚀，保护耕地

风蚀和水蚀不仅会恶化环境，而且还会带走大量肥沃的表土，是土地退化的主要原因。秸秆覆盖在地表，等于给大地盖上一层被子，刮风时，减少了风对土壤的侵蚀，实施保护性耕作平均可减少径流量 60%、减少土壤流失 80% 左右，具有明显的防止水土流失效果（图 2.4）。

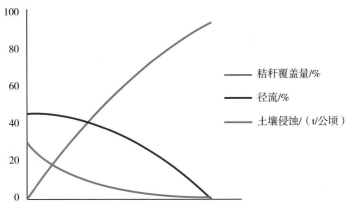

图 2.4　秸秆覆盖量与土壤侵蚀的变化

### 4. 土壤生物性状改善

蚯蚓数量常被用作评价土壤质量或状况的指标。蚯蚓数量多有利于土壤肥力的改善，使土壤向着有利于作物生长的方向发展。由表 2.2 可以看出，秸秆全覆盖还田对蚯蚓数量和重量影响极显著，数量为 114 条 /m²，重量为 18.03 g/m²，RT 处理和 NT 处理蚯蚓的数量分别为 15 条 /m² 和 19 条 /m²，两处理重量方面的差异未达显著水平。在秸秆覆盖田块，每平方米蚯蚓的数量是常规垄作的 6 倍。蚯蚓数量的增加使土壤的生物性状得到改善（图 2.5）。

表 2.2　不同耕作方式对蚯蚓密度的影响

| 处理 | 数量 /（条 /m²） | 重量 /（g/m²） |
|---|---|---|
| NTS | 114 ± 7 | 18.03 ± 0.69 |
| NT | 19 ± 2 | 4.06 ± 0.32 |
| RT | 15 ± 4 | 2.35 ± 0.38 |

引自：董智，解宏图，张立军，等 . 东北玉米带秸秆覆盖免耕对土壤性状的影响[J]. 玉米科学，2013，21（5）：100–103，108.

图 2.5　免耕田中的蚯蚓

## 5. 稳产高产

秸秆腐烂土壤有机质含量提高,有益生物增多,土壤结构得到改善,肥料利用率提高。在这些有利因素的综合作用下,可以保持持续稳产高产,在干旱年份基本不受旱灾影响,具有明显的增产作用。梨树镇高家村 10 年的定位试验中,一般平均产量比对照高出 5%～10%(图 2.6)。

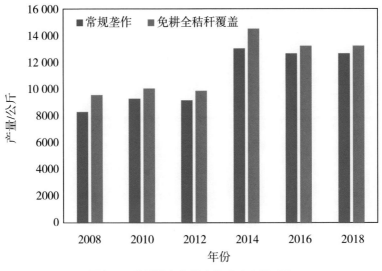

图 2.6　梨树镇高家村定位试验产量对比

### 6. 节本效果显著

与两次甚至多次的土壤耕作相比，免耕播种机仅仅一次作业工序完成播种意味着拖拉机及劳动力作业时间的减少或者相同时间内完成更多的播种面积，作业环节少，作业费用低，生产成本大幅节约，劳动强度也明显降低。每公顷可节约成本 1000～1400 元（表 2.3）。

表 2.3　梨树县不同种植方式的成本对比

| 农机作业项目 | 梨树模式 /（元 / 公顷） | 传统垄作 /（元 / 公顷） | 节约成本 / 元 |
| --- | --- | --- | --- |
| 灭茬旋耕起垄镇压 | 0 | 700 | 700 |
| 播种施肥 | 500 | 300 | −200 |
| 喷施除草剂 | 100 | 100 | 0 |
| 铲趟及中耕追肥 | 0 | 300 | 300 |
| 清理秸秆 | 100 | 700 | 600 |
| 合计 | 700 | 2100 | 1400 |

注：①各地情况不同，节本效果不同；②此表不包括增产、稳产的效益。

### 三、分类

"梨树模式"按种植方式不同一般分为宽窄行秸秆全覆盖还田模式（简称宽窄行）、均匀行秸秆全覆盖还田模式（简称均匀行）和秸秆旋耕全量还田模式（简称浅旋）。

## 第 2 节　宽窄行秸秆全覆盖还田模式

### 一、技术概述

宽窄行秸秆全覆盖还田模式是两垄或三垄合并种两行，宽行、窄行隔年交替种植，即在原均匀行距（60～65 cm）垄作条件下，在相邻两垄（或三垄）上播种 40～50 cm 行距，这样就形成了窄行 40～50 cm，宽行 80～140 cm 的栽培模式，第二年在上年的宽行中播种两行。秸秆条带覆盖，边行优势效果好，方便机械作业，具有休耕效果（图 2.7），是目前农民易接受，应用比较普遍的栽培模式。

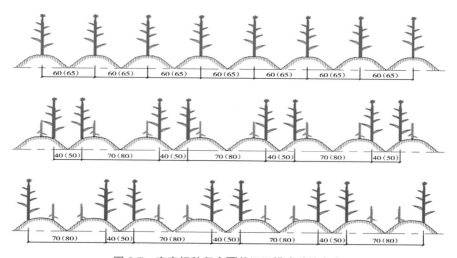

图 2.7　宽窄行秸秆全覆盖还田模式种植方式

## 二、技术流程

收获（秸秆覆盖还田）→秸秆归行处理→免耕播种施肥→防治病虫草害→必要的土壤深松，实现农业生产的全程机械化。

## 三、技术要点

### 1. 收获

收获时采用具有秸秆粉碎装置的玉米联合收获机收获果穗或籽粒后，秸秆和残茬以自然状态留置耕地表面越冬（图 2.8）。

图 2.8　宽窄行秸秆全覆盖还田模式收获

### 2. 秸秆归行处理

由于秸秆覆盖量大，在播种时易出现拥堵，需对播种带（苗位）的秸秆进行整理，使用改制的搂草耙将宽行（播种带即苗位）的秸秆搂到窄行里，倒出播种位置，保证播种质量（图 2.9）。同时，播种带没有了秸秆覆盖，可以有效接受阳光照射，提高地温，保证种子发芽所需的温度。

图 2.9　秸秆归行处理

### 3. 免耕播种施肥

在有秸秆覆盖条件下，要求用牵引式重型免耕播种机直接播种施肥，一次性完成侧深施肥、清理苗床秸秆、压实种床、播种开沟、单粒播种、施口肥、覆土、重镇压等作业工序（图 2.10）。宽窄行免耕播种第一年实施时，由于上一年是常规种植，即均匀垄种植，将免耕播种机行距调整为 40 ～ 50 cm 在相邻两垄内侧播种，隔一个垄沟再在另外两垄内侧播种，形成窄行、宽行模式，第二年在宽行中播种窄行，以后每年依此类推。

图 2.10　免耕播种施肥

播种时玉米必须根据土壤、肥力等条件的不同选择不同的品种，播种数量可以根据需要调节，一般下种量为 2.0～2.5 公斤／亩，种子要选颗粒饱满，优质的良种，发芽率 95% 以上，并对种子进行包衣处理。肥料要选用颗粒肥料，粉状化肥易结块、流动性差，会影响施肥效果。施肥前需对颗粒肥进行检查，结块要去除，以免堵塞排肥管影响施肥量，施肥量 50～65 公斤／亩为宜。播种作业时，宜将种子播入土壤 3～5 cm 深，化肥要施到土壤中 8～12 cm，种肥分施距离达 5 cm 以上。不漏播、不重播、播深一致，覆土良好，镇压严实。免耕播种的播期一般较常规播种晚些。

4. 病虫草害防治

（1）化学除草

化学除草可选择在播种后苗前封闭除草或苗后期喷施茎叶除草。苗前封闭除草药适合玉米播种后，草没出来之前使用，出苗后就不管用了，一般在播后

7 天内喷完，如果玉米苗已经露头，就不要喷药了。喷药时的外界平均气温在 15 ℃以上，同时土壤墒情要好。亦可在杂草 3 叶期用选择性或"灭生型"除草剂进行除草（12 h 内下雨后重新喷施）。近年来玉米苗后选择性除草剂渐受农民欢迎，这类除草剂主要有硝磺草酮和莠去津或四甲基磺草酮、烟嘧磺隆，使用时多在玉米 3 ～ 5 片叶、杂草 2 ～ 4 片叶时喷施。苗前封闭除草，应当选择风幕式喷药机；苗后除草，可选择喷杆喷雾机或风幕式喷药机（图 2.11）。

图 2.11　化学除草

（2）病虫害防治

病虫害的防治要根据发生情况确定，与其他常规种植方式的生产田一样，要根据各地情况及病虫害发生情况有针对性地进行防治。

由于秸秆常年不回收，玉米螟发生相对较多，应注意防治。可采用释放赤眼蜂的方法防治玉米螟。

图 2.12　土壤疏松

## 5. 必要的土壤疏松

这个环节很重要，但不是每年都要进行，主要根据以下两个方面来确定是否需要进行土壤疏松：一是耕地存在犁底层过厚，可供根系生长的空间过小；二是耕层板结严重。这两种情况都应该进行土壤疏松。宽窄行的土壤疏松时间，夏季作业是最佳的时期，可以在玉米苗期雨季到来之前进行，一般是在 6 月下旬，这时正是追肥期，可以结合追肥进行深松作业。夏季作业一是可以充分接纳雨季降水，确保下渗效果；二是有利于地温的提高，弥补了免耕播种地温低的缺陷；三是被深松的条带通过雨水的淋溶和冬春季的冻融、沉降，加速耕层土壤的熟化。也可以墒情适宜时进行苗后土壤疏松作业。作业方法一般选择间隔疏松，即只对宽行（播种带）作业（图 2.12）。作业深度一般以打破犁底层为主，一般在 30 cm 左右。机具一般使用高性能多功能深松整地联合作业机，一次进地完成土壤疏松、平地、碎土、镇压等工序。

## 四、存在问题与解决措施

①由于东北地区玉米单位面积产量较高，因此可能会存在秸秆多与行距小的矛盾。解决办法：一是选择秸秆产量低的品种；二是采用宽窄行种植。垄距 65 cm 以上，宽窄行种植窄行 40 cm，宽行 90 cm，秸秆尽量均匀铺放在当年的窄行；垄距 65 cm 以下，采用三垄种植两行的宽窄行方式种植，秸秆尽量均匀铺放在

当年的窄行。

②秸秆覆盖在地表，保墒效果较好，但会造成早春地温低，影响种子发芽出苗及玉米苗期生长。解决办法：一是及早进行秸秆归行处理，苗带清理彻底，使苗带处（窄行）地温提高，休闲区（宽行）保墒；二是适当的延后播种，播种期中后期作业，播种时适当浅播，镇压后种子深度为 2～3 cm；三是增施口肥，促进玉米苗期根系生长，但要防止烧种、烧苗。

③长期少耕免耕会造成土壤板结。解决办法：一是控制好机械碾压位置，机械碾压位置尽量不要在第二年的播种带；二是作业时避开土壤含水率高时期；三是必要的土壤疏松（中耕）；四是从多年实践来看，坚持多年免耕秸秆覆盖还田的地块，土地自然松软，不再板结。

④秸秆覆盖会影响除草效果。存在这一问题的主要原因：一是秸秆覆盖量大，影响药液封闭土壤，播种前没动土，播种时部分杂草已出土；二是封闭后没有降雨，秸秆没有沉实，遇较大风将秸秆吹走，露出没有药膜的地表。解决办法：一是把握喷药时机；二是采用高性能喷药机，保证喷药质量，药液喷洒均匀，穿透秸秆，上下都有药液；三是建议选择苗前封闭除草药剂除草加苗后除草方式，如果苗前封闭除草效果不好的话，苗后茎叶除草进行补救。

## 五、适宜区域

宽窄行秸秆全覆盖还田模式适宜大部分耕地上采用，但个别二洼地块、低洼地块不适宜这种种植方式。

# 第 3 节　均匀行秸秆全覆盖还田模式

## 一、技术概述

均匀行秸秆全覆盖还田模式（简称均匀行）包括均匀行垄作秸秆全覆盖还

田模式（简称原垄垄作）（图 2.13）和均匀平行秸秆全覆盖还田模式（简称均匀行平行）（图 2.14）。原垄垄作是指垄上灭茬，中耕培垄，行距 65 ～ 70 cm 均匀一致，秸秆集中覆盖在垄沟，垄上增温，垄下保墒。适用于分散种植，农民易接受，是"梨树模式"的初级阶段。均匀行平作，行距均匀一致，隔年种植在行间，行距 65 ～ 70 cm，秸秆均匀覆盖，抗旱效果好；行距加大后方便机械作业，作业环节少；具有休耕效果，适宜大面积种植，是今后发展的主流。

图 2.13 均匀行垄作

图 2.14 均匀行平作

## 二、技术流程

收获（秸秆覆盖还田）→垄上灭茬旋耕（垄作）→免耕播种施肥→防治病虫草害→中耕培垄（垄作）→必要的土壤疏松，实现农业生产的全程机械化。

## 三、技术要点

### 1. 收获

收获时采用玉米联合收获机收获果穗或籽粒，收获后，秸秆和残茬以自然状态留置玉米行间表面越冬。收获机一般选用两行以上自走式收获机，作业效果理想。均匀行平作在收获作业时，将秸秆粉碎装置的动力切断，不粉碎秸秆，这样秸秆就能均匀覆盖在地表；均匀行垄作在收获时将秸秆粉碎后全部覆盖在垄沟即可（图2.15）。

图 2.15 均匀行秸秆全覆盖还田模式收获

### 2. 垄上灭茬旋耕

采用垄上灭茬旋耕（原垄垄作）种植的秋季收获后到春季播种前用旋耕机将垄上的玉米茬及垄上的小部分秸秆进行灭茬旋耕后镇压，待播（图2.16）。

图 2.16　原垄垄作种植

3. 免耕播种施肥

　　免耕播种机一次性完成侧深施肥、清理苗床秸秆、压实种床、播种开沟、单粒播种、施口肥、覆土、重镇压等作业工序。均匀行平作免耕播种第一年实施时，由于上一年是常规种植的均匀垄，如果垄型较突出，需将垄型旋平，播种时播种均匀行距，行距要在 65 cm 以上，第二年实施时在上年播种行的行间进行播种，以后每年依此类推；均匀行垄作在灭茬旋耕的垄上进行免耕播种均匀行，行距要在 60 cm 以上，以后每年依此类推。

　　播种时玉米品种必须根据土壤、肥力等条件的不同选择不同的品种，播种数量可以根据需要调节，一般下种量为 2.0 ～ 2.5 kg/ 亩，种子要选颗粒饱满、优质的良种，发芽率 95% 以上，并对种子进行包衣处理。肥料要选用颗粒肥料，粉状化肥易结块、流动性差，会影响施肥效果。施肥前需对颗粒肥进行检查，结块要去除，以免堵塞排肥管影响施肥量，施肥量 50 ～ 65 kg/ 亩为宜。播种作业时，宜将种子播入土壤 3 ～ 5 cm 深，化肥要施到土壤 8 ～ 12 cm 深，种肥分施距离达到 5 cm 以上。不漏播、不重播、播深一致、覆土良好、镇压严实。免耕播种的播期一般较常规播种晚些（图 2.17）。

图 2.17　免耕播种施肥

### 4. 病虫草害防治

病虫草害防治方法与宽窄行秸秆全覆盖还田模式方式相同。

### 5. 结合中耕培垄

结合中耕培垄（原垄垄作）地块在 6 月中下旬，这时垄沟内的秸秆已部分腐烂，秸秆的韧性已弱化，此时结合中耕进行拿大垄作业，这样到雨季时可以起到散墒和提高地温的作用，而且有利于秋季收获时秸秆的存放。

### 6. 必要的土壤疏松

对于均匀行来说这个环节很重要，因为采用均匀行秸秆全覆盖还田模式种植机械作业时机械碾压处很难避开的播种带，所以需进行必要的土壤疏松，但不是每年都要进行，主要根据以下两个方面来确定是否进行土壤疏松：一是耕地存在犁底层过厚，可供根系生长的空间过小；二是耕层板结严重。这两种情况都应进行土壤疏松。均匀行的深松主要是在秋季收获后土壤封冻前进行，禁止春季作业。作业方法一般在播种带进行深松，如深松后播种带不平整需进行一次行上旋耕，以达待播状态。深松的作业深度一般以打破犁底层为主，一般在 30 cm 左右。机具一般使用高性能多功能深松整地联合作业机，一次进地完成土壤疏松、平地、碎土、镇压等工序。

## 四、存在问题与解决措施

①由于东北地区玉米秸秆产量较高，因此存在秸秆多与行距小的矛盾。解决办法：一是选择秸秆产量低的品种；二是加大行距，均匀行平作行间种植，平作行距 65 cm 以上，秸秆不粉碎自然覆盖；均匀行垄作原垄种植，垄距65cm 以上，秸秆粉碎落入沟内，再对根茬进行一次处理。

②秸秆覆盖在地表，保墒效果较好，但会造成早春地温低，影响种子发芽出苗及玉米苗期生长的问题。解决办法：一是及早将苗带清理出来，以达到行上提温、行间保墒的效果；二是适当的延后播种，播种期中后期作业，播种时适当浅播，镇压后种子深度为 2～3 cm；三是增施口肥，促进玉米苗期根系生长，但要防止烧种、烧苗。

③长期少耕免耕会造成土壤板结。解决办法：一是控制好机械碾压位置，机械碾压位置尽量不要在第二年的播种带；二是作业时避开土壤含水率高时期；三是必要的土壤疏松；四是从多年实践来看，坚持多年免耕秸秆覆盖还田的地块，土地自然松软，不再板结。

④秸秆覆盖会影响除草效果。存在这一问题的主要原因：一是秸秆覆盖量大，影响药液封闭土壤，播种前没动土，播种时部分杂草已出土；二是封闭后没有降雨，秸秆没有沉实，遇较大风将秸秆吹走，露出没有药膜的地表。解决办法：一是把握喷药时机；二是采用高性能喷药机，保证喷药质量，药液喷洒均匀，穿透秸秆，上下都有药液；三是建议选择苗前封闭除草药剂除草加苗后除草方式，如果苗前封闭除草效果不好的话，苗后茎叶除草进行补救。

⑤玉米钻心虫和黑穗病发生严重的地块，建议不进行秸秆直接还田，有病

的秸秆应烧毁或高温堆腐后再还田。

## 五、适宜区域

均匀行秸秆全覆盖还田模式适宜大部分耕地上采用，其中均匀行平作更适于保护性耕作发展，适于规模化经营的耕地上应用，但个别低洼地块不适宜这种种植方式；原垄垄作用于风沙、盐碱地块（如吉林省双辽、乾安等）效果更好。

# 第 4 节　秸秆旋耕全量还田模式

## 一、技术概述

秸秆旋耕全量还田模式（简称为浅旋）是玉米收获的同时将秸秆粉碎覆盖在地表，之后用旋耕机将玉米秸秆全部旋入土壤耕层当中，做到秸秆全量还田，增加土壤有机质，培肥地力，改善土壤理化性能，改变土壤结构性状，使土壤疏松，利于作物根系生长发育，促使作物抗倒伏能力明显增强。具有防止风蚀、水蚀和改良土壤盐碱地化的作用，同时避免秸秆焚烧，有效地保护生态环境，实现安全生产。

## 二、技术流程

收获（秸秆粉碎覆盖还田）→旋耕→免耕播种施肥→防治病虫草害，实现农业生产的全程机械化（图 2.18）。

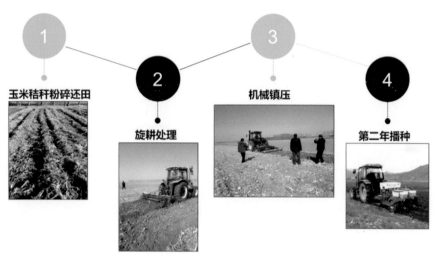

图 2.18 玉米浅旋作业技术

## 三、技术要点

### 1. 收获

收获时采用具有秸秆粉碎装置的玉米多功能联合收获机收获果穗或籽粒，并同步完成玉米秸秆粉碎还田作业，一次进地完成玉米收获和秸秆粉碎作业。玉米机械收获后，留茬过高、秸秆粉碎达不到要求时，应采用秸秆粉碎还田机进行一次秸秆粉碎作业，否则容易造成拖堆现象。质量要求秸秆粉碎还田作业时，要求土壤含水量 ≤ 25%，粉碎后的秸秆长度 ≤ 10 cm，纤维状结构为宜，秸秆粉碎长度合格率 ≥ 85%，留茬高度 ≤ 10 cm，粉碎后的秸秆应均匀抛撒覆盖地表（图 2.19）。

图 2.19 秸秆旋耕全量还田模式收获

## 2. 旋耕

秋季收获后玉米秸秆含水量较高，此时秸秆糖分多，既容易切碎，又有利于加快秸秆腐解，同时能增加土壤养分，应视土壤墒情及时用旋耕机将收获后的玉米秸秆均匀撒于地表，旋入 0 ～ 25 cm 土壤中，之后镇压，实现秸秆全量100% 还田，土壤表面秸秆覆盖率在 10% 以下，由于土壤表层秸秆覆盖量极少，降低了区域秸秆焚烧的概率，真正实现了秸秆焚烧"零风险"。旋耕后可将地表整平或起垄,起垄不要太高,该项作业最好在秋季进行,以免春季作业失墒(图2.20 )。

图 2.20　浅旋

### 3. 免耕播种施肥

利用免耕播种机一次性完成侧深施化肥、压实种床、播种开沟、单粒播种、覆土、重镇压。因为免耕播种机播种通过性能好，堵塞少，可实现精密播种。另外，免耕播种机动土少，保墒保苗。播种深度3～5 cm，侧深施肥深度7～10 cm（图2.21）。

图 2.21　免耕播种施肥

4. 病虫草害防治

病虫草害防治方法与宽窄行秸秆全覆盖还田模式相同。

## 四、存在问题与解决措施

①有的地块粉碎后的秸秆过长，长度大于 10 cm，不利于旋耕，影响播种。解决办法：使用秸秆还田机对秸秆进行二次粉碎，这样秸秆粉碎得细，而且旋耕较深，秸秆与土壤混合均匀。

②据研究，秸秆直接还田后，适宜秸秆腐烂的碳氮比为（20～25）：1，而秸秆本身的碳氮比值都较高，玉米秸秆碳氮比为 53：1。这样高的碳氮比在秸秆腐烂过程中就会出现反硝化作用，微生物吸收土壤中的速效氮素，把农作物所需的速效氮素夺走，使幼苗发黄，生长缓慢，不利于培育壮苗。解决办法：在秸秆全量旋耕的地块施肥时适当增加施肥量。

③浅旋后，土壤过于疏松，大孔隙过多，容易跑风，土壤与种子不能紧密接触，影响种子发芽生长。解决办法：浅旋后要及时镇压，一次不行，镇压两次。

## 五、适宜区域

秸秆旋耕全量还田模式适宜大部分耕地采用，尤其是地势低洼区或盐碱土区效果较佳。

# 第 3 章

# 配套农机技术

配套农机技术主要是田间作业的主要环节的农机技术，包括收获与秸秆根茬处理、深松及中耕、播种、植物保护。本章依据农机作业环节，按照"梨树模式"（宽窄行种植模式、均匀行平作模式、原垄垄作模式）对作业质量要求、机具选型和正确使用等进行阐述。

## 第 1 节　收获与秸秆根茬处理机具

在玉米完全成熟时进行，具体是：籽粒含水率小于 28%；土壤含水率小于 24%；一次作业完成摘穗、剥皮（脱粒）、粮食集装、秸秆粉碎工序或单独进行秸秆、根茬粉碎。

### 一、作业质量要求

籽粒损失率小于 1%，破碎率小于 3%，包皮扒净率大于 90%，秸秆粉碎长度小于 15 cm；籽粒含水量高时，破碎率大幅度增加，脱净率大幅度下降。

#### 1. 宽窄行种植模式

①收获作业时留茬高度 30～40 cm，粉碎的秸秆集中覆盖在当年的窄行中，

秸秆粉碎长度一般为 10 cm 左右。

②收获作业后秸秆归行：秋季作业，将当年宽行中的秸秆归集到当年的窄行中，宽度达到 60 cm 以上，秸秆净度 80% 以上（图 3.1）。

图 3.1　归行作业后的秸秆覆盖状况

2. 均匀行平作模式

留茬高度 30 ～ 40 cm，粉碎的秸秆均匀覆盖在地表，秸秆粉碎长度一般为 10 cm 左右。

3. 原垄垄作模式

①秸秆处理。留茬高度 5 cm 以下，粉碎的秸秆均匀覆盖在地表，秸秆粉碎长度一般为 10 cm 左右，尽量细碎。

②根茬处理。根茬粉碎长度 5 cm 左右，作业深度地下 5 cm 左右（图 3.2）。

图 3.2　灭茬作业达到的效果

## 二、机具选型和正确使用

应选择自走式玉米联合收获机，选择时应注意两点：收玉米穗的机型，一次进地完成果穗捡拾、果穗输送、扒皮、果穗集装、秸秆粉碎抛撒等作业；收玉米籽粒的机型，一次进地完成果穗捡拾、果穗输送、脱粒、籽粒集装、秸秆粉碎抛撒等作业（图 3.3、图 3.4）。

图 3.3　收获玉米穗的 4YZ–4G2 型联合收割机

图 3.4 收获玉米籽粒的 4YZ–6 型（E518 轴流）玉米联合收割机

使用前要认真阅读使用说明书，并且参加专业培训，全面了解机器的结构、功用及工作原理，掌握维护保养方法等，达到熟练操作的程度；使用时严格按照使用说明书要求操作，遵守安全操作规程，安全生产。时刻观看各传感器影像，及时处理安全隐患。

1. 宽窄行种植模式

（1）收获

使用装配宽窄行专用割台的 6 行玉米收获机或小 8 行玉米收获机（图 3.5）；利用收割机上配套的秸秆粉碎装置或使用专用的秸秆粉碎机对秸秆处理。行走轮碾压在当年的窄行上，运粮食的拖拉机也要碾压到当年的窄行上。

如果收割机行走在当年的宽行间，因为当年的宽行是下一年播种的区域，轮胎碾压使土壤板结影响下年播种；如果使用普通割台，由于拾禾器较宽，在窄行内很容易将秸秆碰倒丢失粮食；土壤水分含量较高时，收割机轮胎会下陷将地表碾压成沟痕影响下年播种等作业。

图 3.5　装配宽窄行割台的 4YZ-6 型（E518 轴流）6 行玉米联合收割机

（2）秸秆归行

使用专用的秸秆归行机作业，有两盘、四盘、六盘机型供选择，两盘机型一次作业 1 个宽行，安装在拖拉机前部，一般为春季作业，拖拉机后部挂接免耕播种机，与播种作业同时进行；四盘、六盘机型一次分别作业 2 个、3 个宽行，安装在拖拉机后部，一般为秋季作业（图 3.6）。

图 3.6　9LM-4 型秸秆归行机作业效果

### 2. 均匀行平作模式

使用 4 行、6 行普通割台，5 行偏置普通割台玉米收获机；行间是下一年播种的区域，机器的轮胎要碾压在当年的行（苗带）上；土壤水分含量较高时，收割机轮胎会下陷将地表碾压成沟痕影响下年播种等作业。

### 3. 原垄垄作模式

使用 4 行、6 行偏置割台，3 行、5 行正置割台玉米收获机；地上秸秆使用玉米联合收割机上配套的秸秆粉碎装置或使用专用的秸秆粉碎机进行粉碎；地下部分根茬使用灭茬机（图 3.7）粉碎。垄台是下一年播种的区域，机器的轮胎要碾压垄沟。

图 3.7　1GQNC–260J 灭茬机灭茬作业

# 第 2 节　深松中耕机具

深松和中耕的意义是在尽量少的扰动耕层土壤的前提下对耕层土壤进行疏松，以增加土壤的通透性，作业后达到深、平、细、实的基本要求。疏松分间隔疏松和全面疏松。间隔疏松是指在作业时对耕地进行间隔作业，作业后形成疏松条带和未疏松条带，一般间隔一个深松单元的距离；全面疏松是指全部耕层都得到疏松，作业后没有硬隔。

## 一、作业质量要求

当耕层土壤容重达到 1.4 g/cm$^3$ 以上时就需要进行疏松作业了，深松深度根据耕层土壤板结层位置确定，一般要求为 25 cm 以上；作业后地表平整，不能有明显的沟痕；表土细碎，土块直径不得大于 5 cm；表层 5 ~ 10 cm 耕层紧实；达到待播种状态。

需要注意的是，深松在增加土壤通透效果的同时，也增加了水分的蒸发，所以要把握作业时机。把握作业时机时应注意：一是土壤含水率低于 14%（干旱）时不宜作业，这时作业翻起土块较大，坚硬不易破碎；二是土壤含水率高于 24%（湿度过大）时不宜作业，这时土壤黏度过大，机器碾压后易结块；三是春季不要作业，春季空气干燥、风大失墒快，易引起干旱；四是质量不达标不能作业。

### 1. 宽窄行种植模式

间隔深松，分苗期深松和秋季深松，深度 30 cm 以上。苗期深松是在玉米拔节前进行，如果不需进行追肥，应提早进行，这样更有利于提早提高土壤温度，散发水分和寒气；秋季深松是在玉米收获后封冻前进行，有利于秋季、冬季的降雨和雪水渗入；疏松的土壤经过冬春冻融，加速土壤熟化。

### 2. 均匀行平作模式

秋季深松，深度 30 cm 以上；在玉米收获后封冻前进行，有利于秋季、冬季的降雨和雪水渗入。

3. 原垄垄作模式

在玉米生长期分两次作业，第一次在五叶期前进行，以松土为主，深度 25 cm 左右；第二次在拔节期前进行，以培垄为主，培垄高度为 15 cm 以上，垄上碰头土。

## 二、机具选择和正确使用

深松作业机具分为三大类。第一大类是凿铲式，这类机型深松铲形状，如凿形，入土角度大，入土好，作业阻力稍大，有的为了增加带动层，还增加了固定翼铲（图 3.8）；第二大类是偏柱铲式，偏柱铲带有曲面，单铲带动层宽，松土效果好（图 3.9）；第三大类是牙齿铲式，这类机型深松铲形状，如牙齿，入土角度小，作业阻力也小，铲柄下部安装有活动翼铲，松土层适中。以上机型都要求带有碎土镇压装置。另外，面对秸秆量大的现实，不管哪类机型，同样要求机架有足够的离地高度，以防止作业拖堆拥堵。要根据不同的种植模式选择不同的机具。

图 3.8　带活动翼铲的 1SF-320 型国标铲式长春恩达深松机

图 3.9　1SZL-260 型偏柱式深松整地机

### 1.宽窄行种植模式

秋季作业，选择装有凿型铲或牙齿形铲及单铲碎土镇压装置的深松机，进行间隔疏松，深松铲在当年的宽行中心线上，不得偏移；苗期作业，使用装有切盘的牙齿形铲深松机，可以进行苗期追肥作业，深松带要在宽行的中心线上，可有效防止拖堆伤苗；两年轮作一次。

### 2.均匀行平作模式

秋季作业，选择偏柱铲式深松机进行全面疏松，要求铲的前部安装秸秆切断装置，后部装有碎土镇压装置，铲柄对正当年的苗眼位置。

### 3.原垄垄作模式

苗期第一次作业，选择装有凿型铲或牙齿形铲的深松机，去掉翼铲，对垄沟进行疏松作业；苗期第二次作业，在深松铲上部安装分土板培垄。

## 第3节　播种机具

播种是实施这项技术的关键，使用免耕播种机来完成，要求在有全部秸秆还田的条件下将种子、肥料播种到指定深度，满足播种的农艺要求。

## 一、作业质量要求

因为有秸秆覆盖在地表，要求：第一，把苗带秸秆清理干净，宽度达到 20 cm 以上；第二，施肥数量根据肥料品种按照测土配方要求施入；第三，施肥深度达到 8 cm 以上；第四，种床整理，将种床的暄土压实，将化肥埋严；第五，播种开沟，挤压开 V 型沟，沟型整齐，深度一致，底部成线状；第六，单粒下种，单粒率达到 97% 以上，根据当地自然条件确定玉米品种，根据品种和地力等自然条件确定下种株数；第七，种子落地后距离均匀一致，误差小于 10%；第八，播种深度一致，误差不大于 1 cm；第九，施入口肥，使用专用口肥，公顷施肥量控制在 50 kg 左右；第十，挤压覆土，V 型覆土器将 V 型种沟两侧土壤挤回原位，确保干土不进入种沟；第十一，重镇压，利用覆土器的轮子在种子的侧上方镇压，将种子所在位置土壤压实，使种子与土壤紧密接触，镇压后种子深度为 3 ～ 4 cm。

### 1. 宽窄行种植模式

播种的窄行为 40 ～ 50 cm，窄行定位在上一年宽行中间，不得偏移；窄行带上不得有更多的秸秆。

### 2. 均匀行平作模式

播种的行距均匀一致，播种在上年的行间。

### 3. 原垄垄作模式

播种在上年的原垄上。

## 二、机具选型和正确使用

选择重型牵引式免耕播种机，具有秸秆处理、精量施肥、精准开沟、精量播种、科学覆土与镇压、智能化监控功能，一次完成秸秆切断与清理、化肥侧位深施、苗眼松土、种床整形、播种开沟、单粒播种、施口肥、覆土、重镇压等作业；作业速度满足 6 ～ 8 km/h，播种机型号根据耕作规模、配套动力及当地地理条件确定（图 3.10、图 3.11）。

图 3.10　2BMG-5 型牵引式免耕精量播种机

图 3.11　2BMZF-4 型免耕指夹式精量施肥播种机

## 1. 宽窄行种植模式

将免耕播种机调整成宽窄行模式，以 2 行机型为主，一次播种 1 个窄行；大地块连片播种的区域，以 6 行机型为主，一次播种 3 个窄行。秸秆清理比较净的地块，可以将播种机上的拔草轮调高离地；秸秆较多的地块，可以使用拔草轮清理过多的秸秆，为了防止拖堆拥堵，卸掉窄行内侧的 2 个拔草轮，拖拉机轮子碾压在上年的窄行中（图 3.12）。

图 3.12 2BMG-2 型 2 行牵引式免耕精量播种机播种宽窄行

## 2. 均匀行平作模式

将免耕播种机行距调整成均匀行距，根据配套动力和地块大小确定播种机行数；一般 2 行、3 行、4 行等机型都可以，拖拉机轮子碾压在上年的行上（图 3.13）。

图 3.13　2BMG-4 型 4 行牵引式免耕精量播种机播种均匀行

### 3. 原垄垄作模式

将免耕播种机行距调整成均匀行距，根据配套动力和地块大小确定播种机行数；一般 2 行、3 行、4 行等机型等都可以，拖拉机轮子碾压在垄沟中（图 3.14）。

图 3.14　2BMG-2 型 2 行牵引式免耕精量播种机原垄播种

## 第 4 节　植保机具

植保是用药剂对作物进行保护，包括病害、虫害、草害的预防和治理。药剂会对人畜产生危害，在使用时一定注意安全，认真阅读药品的使用说明书，并严格按照说明书要求使用。以上几种模式的操作方法基本一致。

### 一、作业质量要求

①对症下药。根据防治对象选择药品，根据所选药品的使用说明书确定施药量。

②药剂与水掺混均匀，农药大多数是悬浮剂，不溶于水，使用时要充分搅拌，药效发挥得会更好。

③及时喷药。治病治虫时，发生初期进行，治早治小。治草害时，有两种方法：一种是播种后出苗前进行，用药剂封闭地表，这时草还没有出土，用药效果好；另一种是出苗后进行，在出苗后玉米 5 叶期以前，将药尽量喷施在杂草上。这两种方法各有利弊，两种方法并用效果最好。

④均匀喷药。药液喷施均匀，可提高药效，节约成本。计算好单位面积用药量。

### 二、机具选择和正确使用

①以喷杆式喷雾机为主，包括背负式、自走式两种，选择自走式高地隙机型，也可以选择无人机喷雾机等；最好选择带有自动变量控制功能的喷雾机（图 3.15 至图 3.17）。

图 3.15　3W–800L 型喷杆式喷雾机

图 3.16　自走式高地隙喷雾机

图 3.17　无人机喷雾机

②作业时一定使单位面积用药量、作业速度、喷头流量三者匹配，保证喷药均匀一致。

③往返交接行对接准确，不能有重喷和漏喷。

④抓住时机，喷施苗前的除草剂时，要在雨前或雨中进行，如果在雨后进行，地表应为湿润状态；喷施苗后除草剂和杀虫、防治病害药剂时，要在晴天作业，作业后要求 3 h 以上无降雨。

# 第4章

# "梨树模式"的推广

"梨树模式"的成功研发，极大地推动了吉林省乃至东北地区的保护性耕作技术的推广。为了更好地宣传和推广"梨树模式"，我们建立了健全有效的推广机制。

## 第1节　推广机制

### 一、建立步调统一的研发推广机制

为推进"梨树模式"研发推广，以"五位一体"的新模式建立该技术推广机制。"五位一体"模式，即科研单位、大专院校、技术推广部门、农机制造企业、农机作业组织（如农机合作社、家庭农场等）5 类机构整合在一起，既各司其职、各展其能，又高度统一、协作互动。

#### 1. 建立示范基地

由县农业总站配合技术研发单位，利用农技推广网络构建技术推广平台，建立示范基地，通过开展"千万工程"农民培训、建立"农民田间学校"、实施"331 工程"等宣传培训活动，使广大农民从理性和感性两方面认识和认可"梨树模式"。

## 2. 建立研发基地

由中国科学院沈阳应用生态研究所负责"梨树模式"体系的研究，在梨树镇高家村建立了 225 亩的"梨树模式"研发基地，共安排各类试验研究项目 20 余项，明确了玉米秸秆覆盖免耕的作用机理，总结玉米秸秆覆盖免耕技术应用的相关参数及相对传统种植模式的增产效果，为技术的推广提供了理论依据和技术支持。2018 年，梨树县制定的吉林省地方标准《玉米秸秆条带覆盖免耕生产技术规程》通过了吉林省质量技术监督厅的审定，于 2018 年 12 月 26 日公布，2019 年 1 月 30 日正式实施。

## 3. 技术集成和指导

由中国农业大学负责技术集成和指导。在梨树镇泉眼沟村建立 300 亩研究基地，派遣教师和硕士、博士针对不同土壤与气候条件开展农艺配套技术研究，主要内容为免耕条件下行距的最佳配比、免耕条件下深松方法和措施、秸秆覆盖的比例、方法及作物轮作制度体系的建立等，为进一步推广完成技术集成，提供技术指导。

## 4. 开展配套农机工艺研究

农机制造企业开展该技术体系配套农机工艺研究。针对播种机、深松机等配套的农业机械开展工艺研究，按实施的技术要求进行改进创新，为有效的实施和推广构筑了物质基础。2008 年，第一台免耕播种机问世，实现与该技术配套的主要机具装备国产化，解决了耕地秸秆多、播种难的问题，2009 年 8 月 16 日，省农委组织有关专家对该产品进行成果鉴定，专家组一致认为该免耕播种机属国内首创，技术性能达到国内领先水平。到 2017 年免耕播种机已经发展到第 6 代产品，性能在国内领先，完全可以替代进口产品。

## 5. 加强农机作业组织建设管理

完善农机专业合作社建设，强化农机作业服务队管理。农机专业合作社与农户签订作业合同，实现了"梨树模式"体系的有效实施。不但解决了广大农民自己完成不了的免耕播种作业，同时作业服务队得到一定的效益，新技术也得到了大面积的推广，实现了农民、作业队、技术推广的三赢。

## 二、创新相互衔接的有效工作机制

### 1. 建立国家级高端科研与交流平台

围绕"保护培育黑土地、高产高效可持续"的目标，开展黑土地利用与可持续生产、黑土地区现代农业产业模式与发展、黑土地区气候变化及农业减灾、黑土地经营管理模式等方面的学术研究，为推动"梨树模式"进一步发展具有重要意义。2011 年成立了中国农业大学吉林梨树实验站，2017 年 1.6 万 m² 实验站办公楼等设施已经投入使用，中国农业大学国家黑土地现代农业发展研究院正式挂牌（图 4.1、图 4.2）；2015 年成立了吉林省梨树黑土地保护院士工作站，由石元春院士为首席专家，团队成员包括李保国、张旭东、任图生等国内外知名专家；2018 年成立了中国农业大学国家黑土地现代农业研究院，以我国东北典型黑土为研究基地，通过开展作物及其环境过程的系统监测研究，为东北平原农业实现高产、高效和可持续发展提供调控技术体系，并建立示范样板和培训基地。中国科学院沈阳应用生态研究所科研团队、中国农业大学资源与环境学院的研究生团队的"东北黑土保护——土壤培肥增碳研究"等科研项目在梨树开展与实施，为"梨树模式"的进一步完善奠定了坚实的基础。

图 4.1 中国农业大学吉林梨树实验站

图4.2　中国农业大学梨树实验站基地

**2. 成立科技创新联盟**

　　依托中国农业大学吉林梨树实验站和黑土地保护与利用院士工作站，梨树县农业技术推广总站与中国科学院沈阳应用生态研究所、东北地理与农业生态应用研究所、中国农业大学、吉林省土肥站和吉林省部分农机生产企业等单位联合组建了黑土地保护与利用科技创新联盟（图4.3），致力于"梨树模式"的

图4.3　黑土地保护与利用科技创新联盟技术交流现场

推广应用。此外，在吉林省中西部、辽宁省东部、内蒙古自治区东部、黑龙江省西部等地建立了61个试验示范基地，形成了覆盖东北四省区的示范网络。

### 3.举办"梨树黑土地论坛"

从2015年起，每年9月举办梨树黑土地论坛（图4.4）。4年间，三院院士石元春、中国科学院院士、全国人大常委会副委员长武维华等多位院士做专题报告，还有近百位国内外知名专家参加并做报告，组织开展了80多场主旨演讲、经验交流、实地考察等学术交流活动。2018年，以《吉林省黑土地保护条例》颁布为契机，在第四届论坛上发起了"吉林省粮食主产区黑土地保护行动倡议"，呼吁各地加强黑土地的保护与利用，为保障国家粮食安全、率先实现农业现代化贡献力量，巩固黑土地保护的建设成果。

图4.4 首届梨树黑土地论坛开幕式

### 4.开设网上科技大讲堂

通过建立"梨树模式"微信群，聘请中国科学院、中国农业大学、吉林农业大学、吉林省科学院等院校、科研单位的专家、教授开展科技大讲堂，针对"梨树模式"相关的品种、肥料、栽培、农机、气象及生产中出现的各种问题进行讲解与交流，每月逢"8"一讲，该项活动拉近了专家与农民的距离，也激发了农民朋友"梨树模式"的种植热情。

### 三、形成规范系统的高效运行机制

几年来，梨树县相继承担了发展改革委的梨树县黑土地保护试点建设项目、农业农村部全国百万亩绿色食品标准化基地创建和东北黑土地保护利用试点项目，以及省农业农村厅的玉米秸秆覆盖保护性耕作项目等，由于各类项目的建设内容有所区别，但主要目标基本一致，就是要保护和利用黑土地，在项目实施中我们将"梨树模式"作为主要的、核心的技术推广模式，将这些项目整合起来，从建设内容、技术措施、工作方法等方面进行有效衔接，取得了较好的效果，通过在全县建立 100 个核心示范区、与科研院校的农业专家一起开设微信科技大讲堂等活动，集思广益，献计献策，从技术层面解决各地"梨树模式"的实施过程中遇到的各种问题，为"梨树模式"推广搭建了平台。

# 第 2 节　推广情况

2013 年以来，依托中国农业大学吉林梨树实验站，在吉林省梨树黑土地保护与利用院士工作站和黑土地保护与利用科技创新联盟的推动下，在东北地区分三批成立了 10 个工作站和 61 个试验示范基地，对"梨树模式"进行广泛地宣传与推广。几年来，"梨树模式"累计推广应用面积已经突破 1500 万亩。

### 一、形成了区域布局试验示范基地的格局

到 2019 年，在东北四省区"梨树模式"试验示范基地已经达到 61 个，其中吉林省 48 个，黑龙江省 4 个，辽宁省 8 个，内蒙古自治区 1 个，分布在 24

个县（地级市）、区。试验示范基地的实施主体为各市县具有代表性的新型经营主体，通过他们的带动示范，推动"梨树模式"的推广应用。

## 二、涌现出一批具有典型作用的示范基地

经过几年的培育发展，各地出现不少对"梨树模式"认识高，技术模式成型，合作社运营规范，关键机具装备保有量大，应用规模广，在当地及周边影响带动力强的示范基地。例如，双辽市学文农机合作社试验示范基地。基地所在的卧虎镇 20 km² （2000 公顷）耕地全部普及了"梨树模式"，全镇地块全部秸秆覆盖，无一处焚烧的痕迹。农民已意识到这种模式的好处——保墒、保苗率高、改善土壤有机质、防沙固土、增加蚯蚓数量等，免耕秸秆覆盖模式在双辽地区取得了巨大的成功。再如，榆树市晨辉农机专业合作社试验示范基地。根据各级政府倡导玉米秸秆全覆盖还田肥料化，禁止田间焚烧玉米秸秆的要求，为破解"既要种好地又不用烧秸秆"这个玉米种植过程中遇到的难题，2016 年初榆树市晨辉农机专业合作社把"梨树模式"引进应用到榆树市八号镇玉米生产中，进行田间示范应用。经过两年的实践、专家跟踪测查和最后粮食测产，晨辉农机专业合作社理事长刘臣在全体社员大会上宣布："我们学习借鉴了'梨树模式'，已经成功地找到了既要种好地又不用烧秸秆的好招法。不敢多承包地的顾虑，完全可以打消，明年我们可以甩开膀子大干了。"榆树市晨辉农机专业合作社成为榆树市秸秆综合利用的一面旗帜，市委、市政府相关人员进行专门调研，并将其作为典型推广。

## 三、不同的技术模式正在广泛应用

由于各地的气候土壤情况不同，各地的"梨树模式"方式及推广程度差异非常大，各点根据当地的实际情况对已有的模式进行调整，"梨树模式"主要有平作均匀行全覆盖免耕播种模式、宽窄行秸秆归行处理模式、秸秆耙混处理模式。

　　吉林省农安县在学习借鉴"梨树模式"的 3 种不同保护性耕作技术模式规范的基础上，结合本地实际情况，围绕解决秸秆覆盖难题，积极试验、不断创新、科学总结、注重实用，创新总结提出了依靠机械化以秸秆覆盖处理为核心的多种保护性耕作模式，在全县积极进行示范推广。第一种模式是玉米秸秆全覆盖，秸秆分离处理机归行休闲种植，由青山乡鑫乾农机合作社引进示范；第二种模式是立秸秆全覆盖，宽窄行免耕种植，在永安乡农机大户中应用；第三种模式是秸秆根茬全覆盖，大垄均匀行免耕种植，在万金塔乡新地种植合作社运用；第四种模式是秸秆部分覆盖（覆盖率 30% 以上），宽窄行休闲免耕种植，在开安镇创新家庭农场应用；第五种模式是高留根茬宽窄行免耕种植，在永安乡丁海合作社等地应用；第六种模式是部分秸秆覆盖，宽窄行少耕种植，主要在合隆镇陈家店众一合作社等地运用。

　　黑龙江省泰来县的土壤沙化非常严重，刮大风时可以将玉米种子或小苗直接从土地刮走，江桥镇忠臣农机合作社坚持 5 年的秸秆覆盖，表层土颜色已经开始变深，有机质明显增加，同时土壤湿度变大。同样处于恶劣气候条件的内蒙古兴安盟乌兰浩特市的呼和马场，土壤贫瘠、沙化、干旱，非常适合用免耕秸秆覆盖技术，随着推广力度加大，当地的农民对秸秆覆盖重视程度也有所提高。

　　吉林省九台区刘贺农机合作社从 2012 年开始推广"梨树模式"。从最初作业服务只有 10 个农户、100 多亩地，面积逐年扩大，如今已经增加到 5 个村400 多农户，"梨树模式"作业面积达万亩以上。

## 四、"梨树模式"推广总体看好，成效斐然

### 1. 全面开花、面积突破

　　"梨树模式"示范应用，已由前几年的几个点，实现了目前的在东北地区全面开花的转变。2016 年吉林省 20 多个示范基地，到 2018 年 48 个示范点，全部开展了"梨树模式"示范应用，示范基地示范推广面积突破了 100 万亩。

2016年除双辽市示范基地"梨树模式"面积大外，其他示范点还都处于小规模试用，一般不超过100亩；2018年双辽市示范基地继续保持领头羊的地位与作用，各示范点应用面积实现了成倍跨越式猛增，各示范点平均实施面积超过2000亩，创造了翻倍增长的佳绩，出现了一批3000亩以上大规模推广的示范点。榆树市晨辉农机合作社2016年示范面积仅为150亩，2018年迅速扩展到8个村突破万亩，推广速度之快，使人震撼。

### 2. 彰显优势

据2017年苗情测查，采用"梨树模式"的地块，除个别因地注种得晚的地块外，在春播期间遭遇严重的春旱情况下，秸秆覆盖地块墒情好，利用底墒实现抢墒播种，比传统种法普遍早出苗7～10天，而且苗齐、苗全，长势良好。在农安县黄鱼圈乡，"梨树模式"耕地块已出苗，而相邻灭茬起垄地块因无墒而进行人工"坐水种"，每拉一车水费用就要200多元，加上人工，一垧地比"梨树模式"要增加2000多元费用。农户说："这真是不比不知道，这'坐水种'和'梨树模式'比，一下4000斤玉米收入就没了。"

### 3. 影响力凸显

不少示范基地的理事长介绍，他们那里在"梨树模式"种植这件事上出现了"四种人"。第一种人是"护秸秆灭火人"，双辽市卧虎镇协力村3万亩"梨树模式"种植地块已经连续几年常态化，在秋季、春季地里留存覆盖的秸秆，无论哪块地发生火情，村民都会第一时间，奔赴灭火，保护秸秆，因为他们认识到，"秸秆是宝，种地离不了"；第二种人是"覆盖免耕开心人"，2018年采用玉米秸秆覆盖免耕播种技术作业的农户都比较开心，秸秆不用管，费用低，出苗好，省钱、省力、省心；第三种人是"不用后悔人"，烧秸秆、不覆盖、不免耕的农户，不少后悔当初不信"梨树模式"，多投钱、又费工、苗还差；第四种人是"早早打算人"，农安县鑫乾农机合作社王尚乾告诉联盟人员，出苗后有不少农户就找他，要提前预订来年秸秆覆盖免耕播种作业。

### 4. 信心更足

吉林省的农业（农机）合作社、家庭农场示范基地，作为保护性耕作的重要实践者，以前在示范"梨树模式"时，还底气不足、缩手缩脚、不敢多搞，而这几年推广应用"梨树模式"取得了成效，看着那田间长势齐刷刷的玉米苗，听着农民反馈的赞语声、认可声、后悔声，这些示范点的带头人信心满满，对这项技术更加自信、对农民接受程度更加自信，对应用效果更加自信。为此，他们纷纷表示，只要国家农业政策对保护性耕作坚持给予支持，今后就要撸起袖子，大规模、大面积加油干，让"梨树模式"成为主流生产作业方式，我们和农民等各个方面都受益。

# 第 3 节   典型案例

## 一、卢伟的"二比空"年年获得好收成

在吉林省的梨树县梨树镇八里庙村，卢伟是当地有名的卢伟农机农民专业合作社理事长，有头脑，村里的农户信任他，纷纷把自家的土地入社交给他种，到 2019 年他的合作社已拥有耕地 6300 亩，占全村耕地的一半（图 4.5）。2014年以来，他认准了梨树的"二比空"模式，一种就是 3 年。在这 3 年中，2014年风调雨顺，获得了丰收；2015 年遇上了伏旱，就头伏下了透雨，以后的二伏、三伏没有下过透雨，由于他严格照"梨树模式"做，秸秆全部覆盖，上一年储存的水分加上头伏储存的水分都用上了，这年下来，别人的地大幅减产，而他们合作社的地没有减产，粮食一点没比 2014 年少打，平均产量达到 786.7 公斤／亩；2016 年也不寻常，又出现了伏旱，还遭遇两场大风，都没影响他的合作社产量，同样获得丰收，平均产量达到 900 公斤／亩（图 4.6）。

图 4.5　卢伟农机农民专业合作社

他说："我种'二比空'，一是把三垄的株数放在两垄上，公顷保苗株数不变；二是与目前常规 60 cm 垄可实现无缝连接，便于操作，不打乱边界；三是省事，三垄地种两行苗，少种 1/3 的地；最后也方便田间管理和机械化。"

问起这么种地有什么好处，他说的头头是道。

第一是抗旱保墒。由于平作保墒效果明显，在严重春旱的情况下，实现了苗全、苗齐、苗壮；在 2018 年春季干旱的极端环境中表现优异，无"黄脚"及叶片打绺现象出现。经中国农业大学 6 月 16—18 日连续两次实地检测，地下 20 cm 处含水率比常规垄高 3.5%。

第二是防风固土。秸秆全覆盖后不仅减少土壤的风蚀、水蚀，还有一定的抗风能力。

第三是通风透光。大垄行距 140 cm，实现了行行是边行，垄垄是地头的效果，提高了光能利用率，还给强风通过留下风道，增加了抗倒伏能力。

第四是保护环境。秸秆全覆盖避免了秸秆焚烧对环境的污染，同时秸秆腐

图 4.6　卢伟农机农民专业合作社示范田

烂后还能增加土壤有机质，逐渐减少化肥投入量，减缓土壤板结，提高土地通透性和可耕性。

第五是省时、省工、省力、减少燃油消耗及机械磨损，降低化肥施用量。成本每公顷可减少 1000 元以上。

第六是稳产增产。这 3 年，预计产量比常规垄种植提高 5% 以上，"梨树模式"在干旱年景效果更明显。

附：种植方案

种植模式：180 cm 为一个组合，宽行 140 cm，窄行 40 cm。

种植面积：3300 亩。

种植时间：5 月 1—10 日。

播种机械：牵引式免耕精量播种机。

玉米品种：雄玉 581（2250 亩），良玉 99（1050 亩）。

种植密度：雄玉 581 亩保苗 3300 ～ 3700 株；良玉 99 亩保苗 4000 株。

种子处理：采用复合种衣剂拌种（艾克顿）。

施肥方式："一炮轰"侧深施肥。

化肥品种：中化长效缓释肥，养分含量 52%（其中，氮、磷、钾肥的比例为 24 ：13 ：15）。

化肥用量：用量 56 kg/ 亩（配施有机肥）。

田间管理：6 月下旬、7 月上旬药剂防玉米螟（康宽、福戈等）；7 月 15—20 日喷叶面肥，加杀菌剂防治大斑病。

机械收获：10 月 1—20 日。

## 二、"梨树模式"让榆树市晨辉农机专业合作社找到种好玉米的妙招

榆树市晨辉农机专业合作社，地处榆树市西北与黑龙江接壤的八号镇，该镇有耕地面积 28.5 万多亩，是吉林省著名的产粮大镇。该社自 2010 年 8 月 31 日成立以来，始终坚持以推广应用保护性耕作技术作业服务为主要经营业务，无论遇到多大困难，初心不改，带动了合作社的发展壮大和以保护性耕作为核心的新技术的普及应用。成立之初仅仅有入社成员 5 人，如今合作社成员已增加到 150 人，在全镇推广保护性耕作农机服务生产作业已经扩展到 1.2 万亩，辐射近千家农户。

根据各级政府倡导玉米秸秆全覆盖还田肥料化，禁止田间焚烧玉米秸秆的要求，晨辉农机专业合作社为破解"既要种好地又不用烧秸秆"这个玉米种植生产遇到的重大难题，经过多次考察了解，在黑土地保护与利用科技创新联盟

专家的指导下，于 2016 年初把"梨树模式"和播前苗带秸秆分离处理机具，引进应用到八号镇玉米生产中，进行田间示范应用。经过一年的实践、专家跟踪测查和最后粮食测产，晨辉农机专业合作社理事长刘臣在全体社员大会上宣布："我们学习借鉴了'梨树模式'，已经成功地找到了既要种好地又不用烧秸秆的好招法。不敢多承包地的顾虑，完全可以打消，明年我们可以甩开膀子大干了。"

1. 示范情况和模式特点

2016 年，作为黑土地保护与利用科技创新联盟玉米秸秆全覆盖免耕栽培技术模式的示范基地，在八号镇 5 个村共 7 个地块、约 97.5 亩耕地上进行了示范应用。经过一年实施，收到了较好效果。

据晨辉农机专业合作社理事长刘臣介绍，在示范应用的第一年，尽管该技术的增产作用与节本效益还没有全部凸显出来，但是由于对播种带上覆盖的秸秆采取分离到休闲带的处理方式，玉米秸秆全部留在田间的同时，播种带上基本没有覆盖的秸秆，从而使由于秸秆覆盖多影响播种质量、播种带前期地温低影响玉米苗生长等农民担心的问题迎刃而解。与对照田相比，苗齐、苗全、苗壮，保苗率增加 5% 以上，且田块抗旱能力强（图 4.7）。

图 4.7 晨辉农机专业合作社示范田

### 2. 补齐了玉米种植技术短板

玉米秸秆全部还田，是世界上先进农业国家的通常做法。实践发现，目前国内现有的免耕播种机，在行距不变的前提下，播种极易出现秸秆拖堆现象，影响出苗率。同时，秸秆覆盖在播种带，也会造成播后前期地温低，影响苗的长势，还会影响到苗带喷施除草剂的实际效果。比较而言，晨辉农机专业合作社应用的玉米秸秆覆盖全程机械化宽窄行距栽培技术，采取宽窄行倒茬种植，把玉米秸秆全部留在田间，解决了秸秆全量还田免耕播种机堵塞、播种前期地温低、药剂除草机械作业压地等问题。

### 3. 技术推广可操作性强

"梨树模式"秋季采用玉米收割机进行收获作业的同时粉碎玉米秸秆，全部均匀抛撒在田间，秋季或第二年春季播种前，把当年的休闲带，也就是第二年播种带覆盖的秸秆，分离拨开到两边，形成一个宽约 50 cm 基本没有秸秆的播种带，为后续免耕播种创造条件。使用全覆盖下专用深松施肥机进行苗期深松施肥作业。苗期深松施肥，已是东北多个县市免耕作业不可缺少的关键环节。针对秸秆覆盖产生的拖堆等问题，长春市恩达农业装备公司研制出新型深松施肥铲的苗期深松施肥机，可以在秸秆全覆盖条件下深松施肥作业，作业质量完全达到了玉米秸秆全覆盖免耕栽培技术规范作业的要求。

### 4. 显现出良好的生态效益和社会效益

生态效益上，一是能够解决秸秆焚烧问题，按玉米亩平均产量 0.733 t、玉米籽粒和秸秆之比 1.00 ∶ 1.25 计算，97.5 亩示范面积产生的 35.75 t 秸秆实现全量还田，杜绝了秸秆焚烧的隐患。照此计算，如果示范推广 150 万亩，就可利用 137.49 万 t 秸秆。在当前条件下，秸秆全量还田分离覆盖在休闲带，是实现玉米秸秆禁烧比较可行、易推广、成本低、最有效的办法。二是可以逐步减少化肥施用量。据田间观察，秸秆全部覆盖还田，经过自然腐化和微生物降解，秋收前腐烂程度达 90% 以上，有助于提升土壤有机质含量，连续 5 年覆盖可减少化肥施用量 20% 左右，对于实现化肥施用量零增长目标大有裨益。三是有效减缓农药污染程度。秸秆全量覆盖经分离后，休闲带上的秸秆多且厚，抑制了杂草的生长，只需喷洒一次除草剂，当年即可减少 15% 的施用量，减缓了除草剂向地下水渗透污染。四是减少风蚀。据春季示范地块田间观察发现，采用翻耕方式的农田刮风时常有沙尘现象，而采用秸秆全覆盖免耕播种技术对土壤极具保护作用，秸秆全量覆盖的农田只刮清风，大风对表层土壤风蚀现象明显减弱。

经济效益上，一是减少作业环节降低成本。同常规人工捆运秸秆、旋耕起垄施肥相比，每亩地可为农民节省费用近 65 元，如按在八号镇推广 3 万亩计算，就可为全镇农民节省支出 195 万元。二是实行集约经营降低成本。在享受政府保护性耕作技术作业补贴的前提下，通过统一供种、供肥，晨辉农机专业合作社在免耕播种、深松作业这两个环节可不收农户一分钱，这样农户每亩还可节省生产费用 45 元左右。三是减少农资、农机投入成本。第一年可减少除草剂施用量 15%，每亩地可节省 1.2 元；从第二年开始，可逐年减少 5% 的化肥施用量，每亩地可节省近 10 元；再加上节省的秸秆打捆机、大型搂草机等农机配套机具资金的投入等，每公顷耕地可降低玉米生产成本 1540 ～ 1760 元。

晨辉农机专业合作社理事长刘臣把他们的做法归纳为 30 个字，即"秸秆全覆盖，苗带做分离；免播质量好，地温不再低；招法最简便，节本又环保"，形象地概括了这项技术的优势和发展前景。

## 三、免耕栽培法让刘贺农机专业合作社玉米效益"双冒高"

吉林省九台区兴隆镇刘贺农机专业合作社，注册成立于 2011 年（图 4.8）。2016 年国家实行玉米价补分离政策，大部分玉米种植户是种地没账算或微利甚至赔钱，而刘贺耕种的 1200 亩玉米，不但产量高，湿粮亩产量超过 1000 kg，而且收入高，去掉生产成本，每亩收入比相邻玉米地块净多 400 多元。秋收后十里八屯，甚至外县的玉米种植户都到刘贺农机专业合作社参观学习，请教理事长刘贺他们有什么好招法。

图 4.8　刘贺农机专业合作社

刘贺十分真诚地告诉前来的农民。他说，简单说就是良种加良法，具体的就是选用了高产优质的玉米种子，采用了降低生产成本的"梨树模式"秸秆全覆盖免耕种法，种植玉米照样也能赚到钱。

刘贺农机合作社从 2012 年开始推广采用"梨树模式"保护性耕作技术。从最初作业服务只有 10 个农户、100 ～ 120 亩地，面积逐年扩大，到如今已经增加到 5 个村 400 多农户，玉米留茬免耕播种保护性耕作作业面积达近万亩，全部采用"梨树模式"。

2015 年年底，刘贺农机合作社被中国农业大学梨树县实验站确定为九台区示范基地。在成为示范基地后，刘贺农机合作社积极参加工作站组织举办的玉米秸秆全覆盖机械化免少耕栽培技术交流培训活动，认真了解学习"梨树模式"，请专家到合作社进行技术指导和培训，在九台区第一个引进了"梨树模式"的关键机具——玉米秸秆分离处理机。

2016 年年初，在工作站专家的指导下，他们社就决定承包租赁经营的

12 000 亩玉米田，全部采用"梨树模式"，选用了密植、脱水快、可直接脱粒的玉米新品种，采用等离子种子处理机对种子进行处理，全部采取玉米秸秆全覆盖分离处理或者少量捡拾打包的秸秆处理方式，大部分秸秆保留在田里，春季直接免耕播种，宽窄行密植种植，保苗率每亩在 4200 株以上，采用苗期深松同时分层减量施肥，10 月中旬在玉米 25 个水分上下使用玉米籽粒收获机，直接脱粒作业（图 4.9）。

这种玉米种植方式，不但使刘贺农机专业合作社产量冒了高，12 000 亩玉米，总产量达 1239.96 万公斤，湿玉米平均亩产量达到 1033.3 kg，较对照田亩平均增量 133 kg，并且纯收益冒高，仅节省农机费和减少玉米收获时损失每亩就达 133 元，再加上增产收益，两项合计亩增纯收入 300 多元，合计总增收 20 多万元。不少到刘贺农机专业合作社参观学习的农民都非常敬佩地称赞道："在眼下玉米价格这样低的情况下，刘贺农机专业合作社能创造这样好的效益，真是不简单，真要好好学学'梨树模式'的种法。"

目前，刘贺农机专业合作社已有大小农机具 70 多台（套），包括免耕播种机、深松机、深松施肥机、喷药机、玉米籽粒直收联合收割机、秸秆分离处理机、秸秆打包机等。固定资产投资近 400 余万元。实现了从深松、免耕播种、机械喷药到田间施肥和籽粒直收、秸秆打包

图 4.9 刘贺农机专业合作社示范田

等一条龙服务。2018年该社被吉林省农业委员会评为五星级农机合作社。

应用"梨树模式"成功的应用实践，让他们对种好玉米有较好的收益信心更足了。他们社打算，要扩大土地承包租赁，发展到4500亩，全部采用玉米秸秆覆盖分离处理全程机械化保护性耕作技术模式，"梨树模式"让合作社增收，让更多农民受益。

九台市农业局分管领导带领有关部门和部分农机合作社的负责人专门到刘贺农机专业合作社调研，深入考察玉米秸秆全覆盖分离处理保护性耕作模式，认真总结推广刘贺农机专业合作社成功借鉴"梨树模式"的做法。九台区大力推广"梨树模式"，使这一技术模式逐步成为全区玉米绿色生态、低成本种植的主流耕作栽培方式，实现玉米秸秆大部分还田肥料化，为秸秆综合利用找到了出路，也成为提高玉米生产经济效益的主要方法。

## 四、"梨树模式"在双辽

双辽市地处吉林省西部，属典型的科尔沁沙带，全市286万亩耕地中沙岗地占52%，风沙干旱的气候条件，非常适宜玉米保护性耕作技术的普及应用（图4.10）。从2011年开始双辽市大力推广保护性耕作技术，经历了从群众不认识

经度:123.58728
纬度:43.642175
地址:中国吉林省四平市双辽市
时间:2019-07-10 08:27:25
IMEI:866370039905781

图 4.10　学文农机合作社田块 1

到认识、不理解到理解、不认可到认可、排斥使用免耕播种机到争先恐后使用免耕播种机、免费作业"没人理"到有偿服务"排长队"的一波三折的发展历程，玉米保护性耕作技术应用得到了长足的发展，技术覆盖到全市所有乡镇和街道，成为全省玉米保护性耕作免耕播种面积占玉米面积比例最多的县。近几年来，借鉴"梨树模式"，在查找问题上下功夫、总结树立典型，搞好宣传引导，在补齐保护性耕作关键技术环节问题短板上全面发力，全市玉米保护性耕作推广，向标准化、规范化推进新的发展态势。

### 1. 对照"梨树模式"找问题

随着近几年双辽市玉米保护性耕作免耕播种作业模式年头的增加，实施面积的扩大，也暴露出一些问题，通过几次到梨树县进行"梨树模式"考察学习，请黑土地保护与利用科技创新联盟的专家到双辽进行分析把脉会诊。经过科学分析和研究，认识到为什么条件相似的梨树县保护性耕作在实施中没有出现问题，且其保持着可持续深入推进的态势，引领着梨树现代农业的发展；双辽市却产生了这些问题，出现波动和徘徊，这不是保护性耕作技术本身的问题，而是因为在玉米保护性耕作技术在推广操作过程中，没有像"梨树模式"实施得那样规范、标准，技术培训指导到位，在技术环节有缺项，操作手实施不规范。例如，农机深松是保护性耕作的一个核心技术作业环节，不可或缺；而我们在技术要求上存在误区，认为双辽市大部分是沙壤土，不存在坚硬犁底层，因此不需要深松。可恰恰是，连续几年的免耕播种和收获机械碾压的保护性耕作地块，缺乏及时、有效的深松，造成耕地板结，抗旱抗涝能力变弱，影响玉米根系的下扎，影响作物的生长，造成玉米产量下滑。还存在免耕播种机增长数量多，缺少对机手系统的技术培训，作业水平参差不齐，再加上责任心不强，作业质量难以保障，致使有的地块漏播率高，缺苗断条严重，造成玉米减产等问题。所以必须要认真借鉴"梨树模式"，向"梨树模式"靠拢，推进双辽市玉米保护性耕作新发展。

### 2. 总结树立借鉴"梨树模式"的好典型

学文农机合作社早在 2011 年第一个在双辽市开始免耕播种作业，示范玉米保护性耕作技术。随着学文农机合作社为农民承担玉米保护性耕作作业的面积越来越多，牵引式重型免耕播种机增加到110台，深松等机具85台。在协力村他们承接本村大部分的免耕播种作业，同时在学文农机合作社的影响带动下，卧虎镇全镇近15万亩耕地中有95%以上采用保护性耕作技术，成了名副其实的保护性耕作技术推广"双辽第一镇"。

几年来，学文农机合作社在开展玉米保护性耕作免耕播种作业服务中，不但积极追求扩大作业规模面积，同时也非常重视玉米保护性耕作技术规范的作业实施。2016年，学文农机合作社被黑土地保护与利用院士工作站定为在双辽市的"梨树模式"示范基地。该基地积极参加工作站组织的技术交流和培训活动，认真学习工作站制定的玉米秸秆全覆盖等行距垄作免少耕栽培技术模式等规程，并在实际作业服务中照规程操作执行。根据各地作业服务对象地块条件的不同，分别为用户提出科学的保护性耕作作业技术方案，播种带处理、播种同时深施肥、深松等项主要内容都不能少，播种、深松、喷药哪个环节作业标准都不能低，从而保证了玉米保护性耕作技术的规范实施，确保了保护性耕作技术的综合效果，受到了用户的信任和欢迎，使他们作业服务的农户越来越多（图4.11）。

图 4.11　学文农机合作社田块 2

2018 年，学文农机合作社玉米免耕机械播种作业面积超过 15 万亩，扩展到两省区五个县，免耕播种作业的用户已达 4000 多户，成为全国玉米免耕播种机、玉米免耕机械播种作业规模第一大社，是吉林省玉米保护性耕作技术推广、农机合作社发展建设的一面旗帜、一个表率，被原农业部确定为全国农机专业合作社示范社。

3. 按照"梨树模式"补短板

通过对双辽市保护性耕作现状的科学分析，查找薄弱，总结经验，他们对坚持发展保护性耕作的方向坚定不移，决定要以存在的问题为导向，按照"梨树模式"的玉米秸秆全覆盖等行距垄作免少耕栽培技术模式等 3 种技术规程，在补齐深松等环节短板上全面发力。

为优化保护性耕作技术农机装备结构，通过农机补贴政策优先支持、新建 10 个省级新型农业经营主体必须购买深松机等引导政策和要求，2016 年全市新增 120 马力以上拖拉机 180 余台，4 铲以上深松机 110 台，为补齐深松这个短板提供了机具保障。

为加快补齐保护性耕作操作机手作业水平参差不齐的短板，市农机推广等部门加强对机手的技术培训，作业前分层次举办培训班，要求享受保护性耕作作业补贴的农机合作社、农机户必须组织机手参加，并且进行考核。对销售免耕播种机的农机经销商，提出了必须承担对购机者的技术指导和培训服务。同时利用新型职业农民教育，把保护性耕作技术培训学习，作为新型职业农民教育课程培训的主要内容开展起来，突出实际操作和故障处理学习讲解，全面提高作业机手的实际操作能力，"梨树模式"秸秆覆盖免耕栽培技术落户双辽市有了基本的保障，提升了农户对保护性耕作技术的信任度。

双辽市参照"梨树模式"补齐短板的举措，为实现玉米保护性耕作技术更加规范的推广应用打下了坚实的基础，双辽市玉米保护性耕作技术应用面积将继续有所突破，引领绿色、生态农业发展。

## 五、创新发展"梨树模式"的农安县玉米保护性耕作

农安县是典型的"非镰刀弯区"的玉米种植大县。全县 570 万亩耕地，每年玉米种植面积保持在 525 万亩上下，占总面积耕地的 90% 以上，占粮食作物播种面积的 95%。全县粮食总产连续 20 年排在全国十大产粮县前列，是国家重点商品粮基地县。

2010 年以来，农安县委、县政府从保障农业可持续增长的战略高度出发，审时度势，部署支持农机部门在玉米种植上发力，积极开展保护性耕作技术的示范推广，黄龙大地打响了推广应用保护性耕作，引领现代农业耕种技术转型升级的攻坚战。

2015 年以来农安县认真研究"非镰刀弯"地区玉米怎么种——研究、学习、考察"梨树模式"玉米秸秆覆盖全程机械化技术生产体系，借鉴"梨树模式"三个技术规范，组织县农机技术推广部门和多家农机合作社加入到黑土地保护与利用科技创新联盟，积极参加联盟组织的技术交流和培训等活动，请专家到农安县进行报告培训，分析会诊影响保护性耕作发展的难点，设计提出应对解决的方案，引进"梨树模式"的核心技术与关键机具，结合农安县实际情况，创新性地开展示范，从而引领农安县玉米保护性耕作推广向技术模式更加明确、技术操作更加规范、推广速度明显加快、应用效果更加突出的方向发展。

在借鉴学习"梨树模式"、推广玉米保护性耕作的过程中，农安县注重以问题为导向，在创新发展中寻招法。

### 1. 以实施项目为机遇，带动新技术模式的示范推广

农安县先后承担了原农业部下达的"保护性耕作技术创新与集成示范项目"和吉林省省级粮食生产发展专项资金主导的"机械化保护性耕作技术推广项目"。以项目课题为载体，把引进的梨树技术模式与关键机具在项目区摆布和落地，加强农机农艺融合，围绕黑土地保护和提高土壤地力质量，发展保护性耕作技术，充分发挥项目区的示范引领作用，以项目区示范带动农安县保护性耕作技术的全面推进，推动技术模式在全县推广扩散。

2. 创新形成了以秸秆覆盖处理为核心的 7 种保护性耕作模式

在学习借鉴"梨树模式"，贯彻实施黑土地科技创新联盟制定的 3 种不同保护性耕作技术模式规范的基础上，农安县结合本地实际情况，围绕解决秸秆覆盖难题，积极试验、不断创新、科学总结、注重实用，创新总结提出了以秸秆覆盖处理为核心的 7 种保护性耕作模式，在全县积极进行示范推广，并成立了农安县鑫乾农机服务专业合作社（图 4.12）。

图 4.12　农安县鑫乾农机服务专业合作社

### 3. 建立一批保护性耕作示范样板地块

近几年来，该县以"梨树模式"为标杆，突出抓好保护性耕作示范田的规划建设和跟踪技术指导。2018 年在全县 22 个乡镇的 190 个行政村，设立近百个保护性耕作示范地块，其中，300 亩以上保护性耕作示范地块 60 多处，750 亩以上地块 20 多处，1500 亩以上地块 10 处。从苗期出苗率上看，基本达到 90%；在当年严重干旱的情况下，保护性耕作地块亩平均产量仍超过 667 kg，得到农民对技术的高度认可。

### 4. 总结培育树立典型，发挥示范引领作用

通过抓典型，特别是黑土地保护与利用院士工作站在农安县建立的示范基地，在技术等方面起到了很好的示范引领作用。

巴吉垒镇洼中高村农民李小雨，在农机部门的大力宣传引导下，他于 2011 年大胆尝试，购置了 1 台免耕播种机和 1 台深松机，在自己承包的 300 亩玉米种植地块上，采取了保护性耕作这项新技术。通过这一年的种植，他发现无论从整个玉米生育期长势、根系发育、抗旱、抗涝、抗倒伏能力上，还是从秋后玉米的产量上都远远超过了传统种植；在春季拾秆、灭茬、起垄、镇压 4 个环节上每公顷又节省资金 800 多元，效益可观。他亲身感受到了这项新技术给他带来的实惠。2013 年，他创办了环宇家庭农场，进一步扩大保护性耕作应用面积。2016 年，李小雨家庭农场初具规模，已有免耕播种机 2 台、深松机 2 台、低地隙喷药机 1 台、高架喷药机 1 台，除了经营 900 亩秸秆全覆盖保护性耕作技术的示范田，还为村民免耕播种 450 亩。

李小雨实施的玉米保护性耕作技术田，每年节省秸秆捡拾费用 13.3 元 / 亩；灭茬节省 20 元 / 亩，起垄节省 20 元 / 亩，镇压节省 4.7 元 / 亩，仅春季每亩节省整地费用达 58 元。随着保护性耕作技术的逐年实施，在他实施的保护性耕作技术田里，化肥的投入量也在相应的减少，现在每公顷照常规田少投入 500 斤，折合 47 元 / 亩，合计亩节本增效 105 元。

屯挨屯，地挨地，怎能让人不服气，当地社员群众纷纷向他咨询、探讨，社员干部大部分从不认识到认识，尤其在 2015 年的大旱年头，保护性耕作技术

田发挥了它特有的优势时，社员群众都服了气，一些种粮村民就开始效仿他，购置和他一样的机具，和他采取一样的种植方式，甚至在播种时间上都看着他。如今在他的示范引领下，这项技术家喻户晓，在这里已遍地开花，现在全村 2.1 万亩玉米田已有 1.2 万亩实施了保护性耕作技术，邻近和平村 1.8 万亩的玉米田有 9750 亩实施了保护性耕作技术。

通过李小雨的示范带动，巴吉垒洼中高村和邻近的和平村农机大户增加到 15 户，两村共有耕地 3.9 万亩，其中实施保护性耕作面积 17 250 亩，占整个耕地面积的 44%。仅此一项，给邻村节约开支 100 多万元。还带来了良好的生态效益和社会效益。该项技术的实施，让广大村民尝到了甜头。他们高兴地说："免耕播，省工、省时、抗旱、抗涝、不倒扶，又增产，我们就这么干了。"

### 5. 大力搞好专家指导和技术培训

先后聘请了市、县农业、农机专家，组织专家团队，承担重要技术环节的咨询指导服务，制定技术方案，确定技术路线，评价分析技术模式，组装集成配套技术，提升了技术含量，提高了实施效果。采取县乡联动的推广措施，领导带头、骨干参与，组建农业技术专家指导小组，从每年 1 月就开始，坚持扎根村屯，对全县各乡镇进行了大面积、全方位的政策宣传、技术指导、技术培训，保证了技术实施到位不走偏。

春华秋实，到 2016 年农安县玉米保护性耕作推广面积已经猛增到 7.5 万亩，比 3 年前翻了一番，其中玉米秸秆全覆盖面积实现零的突破，推广到 3 万亩，占玉米保护性耕作推广面积的 37%（图 4.13）。两年时间新增加免耕播种机近 300 台、深松机 200 台，其中免耕播种机增加数量占全县保有量的 45%。

在这几年农安县普遍干旱少雨的情况下，采用推广玉米保护性耕作技术的地块，抗旱的特点凸显，比对照田显现出产量优势，为全县粮食产量突破 80 亿斤，发挥了应有的作用；应用玉米保护性耕作技术的斤粮生产成本平均下降 0.05 元，与原来采用玉米坐水种植方式的乡村比较平均下降达 0.10 元以上，模式经济效益优势显著；同时，应用玉米秸秆全覆盖技术模式，避免焚烧秸秆大约 28 万吨，为玉米秸秆综合利用提供了切实可行的路径，有利于绿色生产，保护生态环境。

图 4.13　农安县保护性耕作田

# 第 4 节　实施"梨树模式"的注意事项

　　"梨树模式"是保护耕地的最佳模式，代表了东北大部分地区保护性耕作技术模式；随着"梨树模式"实施面积的迅速扩大，由于各地农艺要求差别，加之操作不当，也出现了这样那样的问题，为此我们把出现的问题和解决办法汇总，便于大家借鉴。

问题 1：秸秆多、行距小

办法 1：选择秸秆产量低的品种。

办法 2：加大行距。均匀行平作行间种植，行距 65 cm 以上中低产田，秸秆不粉碎自然覆盖，均匀行平作种植，行距 65 cm 以上高产田，秸秆粉碎后耙地与土壤混合；均匀行垄作原垄种植，行距 65 cm 以上中低产田，秸秆粉碎落入沟内，再对根茬进行一次处理。

办法 3：宽窄行种植。行距 65 cm 以上的中低产田，窄行 40 cm，宽行 90 cm或以上，秸秆尽量均匀铺放在当年的窄行；行距 65 cm 以下高产田，二比空种植，秸秆尽量均匀铺放在当年的窄行。使用秸秆归行机。

问题 2：秸秆覆盖保墒，地温低不发苗

办法 1：苗带清理彻底，达 30 cm 宽。

办法 2：必要的土壤疏松（中耕）。

办法 3：适当浅播，镇压后种子深度为 2 ~ 3 cm。

办法 4：适当晚播，播种期中后期作业。

办法 5：选择早熟品种，延后播期。

办法 6：增施口肥，但要防止烧苗。

问题 3：秸秆多遮盖苗眼

办法 1：宽窄行模式先深松后归行或秸秆湿的时候作业。

办法 2：原垄垄作模式垄上灭茬。

办法 3：加大行距。

办法 4：适当粉碎，减少体量。

办法 5：采用条耕的模式。

问题 4：免耕与土壤板结

办法 1：控制好机械碾压位置——不同模式不同行走路线。

办法 2：作业时避开土壤含水率高时期。

办法 3：春播前不得机器和牛羊进地踩踏。

办法 4：必要的土壤疏松（中耕）。

办法 5：坚持多年土地自然松软。

问题 5：土壤疏松与不利保墒

办法 1：适时深松，干旱期不宜作业，春季不要作业。

办法 2：作业质量达标（深、平、细、实）。

问题 6：一炮轰施肥与苗期和后期脱肥

办法 1：使用缓控释肥料，实现分期供养。

办法 2：增施口肥，缓解苗期脱肥弊端。

办法 3：连续多年秸秆覆盖还田后期不脱肥。

问题 7：秸秆覆盖影响灌溉

办法 1：喷灌，移动式喷灌。

办法 2：滴灌，宽窄行最好，一管二，使用带铺设滴灌带装置的免耕播种机。

办法 3：连续多年实施可以减少灌溉次数或不用灌溉。

问题 8：秸秆覆盖影响除草效果

办法 1：把握喷药时机。

办法 2：采用高性能喷药机，保证喷药质量（药液喷洒均匀，穿透秸秆，上下都有药液）。

办法 3：建议选择苗后除草方式加苗前封闭除草药剂。

问题 9：低洼易涝地块效果不好

办法 1：疏松土壤，增温、降墒、散寒。

办法 2：将秸秆移除一部分。

办法 3：采用翻埋方式。

问题 10：各作业环节衔接融合不好

办法 1：前项作业要为后项作业打好基础。

办法 2：今年作业要为明年作业打好基础。

办法 3：技术模式建立之初就得规划好技术路线。

问题 11：地块小且不连片影响机械化作业效率和质量

办法 1：组建合作社和家庭农场，打乱地界。

办法 2：广泛宣传使广大农民全面行动，鼎力配合。

办法 3：制定相关制度、法律，宏观调控，政策支撑。

问题 12：行距不一致并且小不利于机械化作业

办法 1：利用导航重新打垄，规范行距。

办法 2：改垄，加大行距，美国的行距一律是 76 cm 均匀垄。

办法 3：制定相关制度、法规，宏观调控，政策支撑。

问题 13：秸秆保留难问题

办法 1：加大宣传，让所有人都知道其好处。

办法 2：制定法律，约束所有人。

办法 3：采取得力措施：宽窄行模式要早归行，原垄种模式要灭茬，秸秆混土要耙混。

问题 14：秸秆离田

办法 1：我们重任在肩，大力宣传，让大家知道秸秆离田是一种愚昧、无知、荒唐的做法。

办法 2：认真搞好示范，展示其优点。

办法 3：确定经营主体，创新土地连片集中经营。

# 第 5 章

# 科技支撑与成果

在"梨树模式"研发的 10 多年时间里，科研推广人员在科研攻关、技术研发、应用推广等方面不断取得可喜的成果。

## 一、科研成果

隶属于吉林省梨树县农业技术推广总站倡导成立的"黑土地保护与利用科技创新联盟"的科研团队，在从事玉米秸秆全覆盖条带式免耕生产研究过程中，承担国家及省内项目 20 余项，发表 SCI 文章 58 篇，中文核心期刊文章 14 篇，取得专利、知识产权 9 项，获得推广奖 2 项，制定技术标准 1 项。这些成果为"梨树模式"的确立和推广奠定了理论基础和技术基础。

### 1. 发表论文

①JIANG Y，MA N，CHEN Z，et al. Soil macrofauna assemblage composition and functional groups in no-tillage with corn stover mulch agro eco systems in a mollisol area of northeastern China[J]. Applied Soil Ecology，2018（128）：61-70.

②董智，解宏图，张立军，等. 不同秸秆覆盖量免耕对土壤氨基糖积累的影响 [J]. 土壤通报，2013，44（5）：1158-1162.

③董智，解宏图，张立军，等. 东北玉米带秸秆覆盖免耕对土壤性状的影响 [J]. 玉米科学，2013，21（5）：100-103，108.

④ 何传瑞，全智，解宏图，等．免耕不同秸秆覆盖量对土壤可溶性氮素累积及运移的影响 [J]．生态学杂志，2016，35（4）：977-983.

⑤ 蒋云峰，马南，张爽，等．黑土区免耕秸秆不同覆盖频率下大型土壤动物群落结构特征 [J]．生态学杂志，2017，36（2）：452-459.

⑥ 李军，李正宵，解宏图，等．免耕条件下不同秸秆覆盖量对土壤木质素含量的影响 [J]．中国农业科学，2013，46（11）：2265-2270.

⑦ 彭义，解宏图，李军，等．免耕条件下不同秸秆覆盖量的土壤有机碳红外光谱特征 [J]．中国农业科学，2013，46（11）：2257-2264.

⑧ 苏淑芳，于清军，刘亚军，等．秸秆覆盖免耕对土壤氨基糖在团聚体粒级中分布的影响 [J]．土壤通报，2017，48（2）：365-371.

⑨ 腾珍珍，袁磊，王鸿雁，等．免耕秸秆覆盖条件下尿素来源铵态氮和硝态氮的累积与垂直运移过程 [J]．土壤通报，2018，49（4）：757-766.

⑩ 董文赫，李秀芬，杨铁成，等．对 2BMZF 系列免耕播种机综合性能分析 [J]．农机科技推广，2010（12）：214，232.

⑪ 董文赫．解决农作物秸秆焚烧的主要途径是秸秆直接还田：吉林省梨树县秸秆覆盖还田 10 年回顾 [J]．农机使用与维修，2017（12）：27-31.

⑫ 董文赫．东北地区玉米生产过程中存在问题的分析 [J]．农业开发与装备，2017（11）：26-28.

⑬ 董文赫．东北黑土地保护与实施保护性耕作技术的探讨 [J]．农业开发与装备，2017（15）：37-42.

⑭ 董文赫．玉米免耕播种机的使用与调整 [J]．农机使用与维修，2018，2（17）：19-21.

2. 获得专利、知识产权

① "免耕指夹式精量施肥播种机"于 2010 年 10 月 13 日被中国国家知识产权局授予实用新型专利，专利号 ZL 2010 2 0116711.2。

② "全秸秆覆盖免耕深松机"于 2010 年 12 月 22 日被中国国家知识产权局授予实用新型专利，专利号 ZL 2010 2 0165772.8。

③"全秸秆覆盖免耕追肥机"于 2010 年 12 月 22 日被中国国家知识产权局授予实用新型专利，专利号 ZL 2010 2 0165716.4。

④"播种机模拟作业检测台"于 2011 年 10 月 31 日被中国国家知识产权局授予实用新型专利，专利号 ZL 2011 2 0421729.8。

⑤"播种机排肥机构保护器"于 2015 年 6 月 11 日被中国国家知识产权局授予发明专利，专利号 ZL 2015 1 0318083.3。

⑥"一种可调式秸秆处理机"于 2017 年 5 月 10 日被中国国家知识产权局授予实用新型专利，专利号 ZL 2016 2 1196245.7。

⑦《玉米秸秆覆盖全程机械化宽窄行距栽培技术规程》2017 年 12 月 4 日在中国国家版权局登记。

⑧《玉米秸秆覆盖全程机械化等行距平作栽培技术规程》2017 年 12 月 4 日在中国国家版权局登记。

⑨《玉米秸秆覆盖全程机械化等行距垄作栽培技术规程》2017 年 12 月 21 日在中国国家版权局登记。

## 二、推广成果

①"玉米秸秆覆盖保护性耕作技术推广"项目 2012 年获得吉林省政府农业技术推广二等奖。

②"玉米秸秆还田保护性耕作技术示范推广"项目获得 2015—2017 年度吉林省政府农业技术推广一等奖。

③梨树县农业技术推广总站制定的《玉米秸秆条带覆盖免耕生产技术规程》被确定为吉林省地方标准，于 2018 年 12 月 26 日公布，2019 年 1 月 30 日正式实施。

# 第 6 章
# 媒体关注与社会效应

    "梨树模式"作为我国黑土地保护与利用领域的先行者，一经诞生便受到了媒体界的广泛关注。10 余年来，包括人民日报、新华社在内的国内各级媒体有关"梨树模式"的专题报道已有 20 余篇。

## 一、美国院士专家到梨树县考察黑土地保护情况

    吉林电视台 2015 年 9 月 12 日"新闻速递"播出美国院士专家到梨树县考察黑土地保护情况（图 6.1）。

图 6.1

## 二、最美基层干部王贵满

央视一套综合频道 2015 年 12 月 25 日播出"最美基层干部王贵满：用科技打开丰收大门"（图 6.2）。

图 6.2

## 三、气候变化带来的技术革新

央视七套军事 农业频道 2016 年 2 月 24 日播出"气候变化带来的技术革新"（图 6.3）。

图 6.3

## 四、梨树模式专题

《农民日报》2016 年 3 月 2 日第 7 版刊发介绍"梨树模式"专题（图 6.4）。

图 6.4

**非"镰刀弯"地区玉米怎么种——"梨树模式"值得借鉴**

**编者按：** 我国玉米种植面积有 5 亿余亩，春耕备耕时节，在积极引导农民做好"镰刀弯"地区玉米调减工作的同时，玉米主产区的生产仍然不能放松。为确保高产高效集成技术的推广应用，帮助农民精耕细作提高产量，本期特介绍位于我国黄金玉米带的吉林省梨树县的玉米种植模式，供农民朋友参考。

吉林省梨树县地处世界三大黑土带之一的松辽平原腹地，素有"东北粮仓"和"松辽明珠"之美称，是四平市"中国优质玉米之都"的重要组成部分，是国家重点商品粮基地县、全国粮食生产先进县。粮食生产、牧业发展和棚膜经济是梨树县农业三大主导产业。全县耕地面积 358.5 万亩，农业人口 62.7 万人，粮食生产已达到 50 亿斤以上，人均占有粮食、人均贡献粮食、粮食单产和粮食商品率四项指标曾在全国名列前茅。

自 2007 年以来，许多科研单位纷纷来梨树建立各类科研基地，来自各大高校、科研机构以及国外相关机构的专家学者汇聚梨树开展科研工作。2007 年梨树县与中国科学院合作建立了高家保护性耕作研发基地，2011年与中国农业大学建立了中农大吉林梨树实验站，2014年与国土资源部农用土地质量与监控及土地整治重点实验室建立首个县级科研工作站，2015年建立了由中国著名土壤学家石元春院士担纲的梨树黑土地保护与利用院士工作站。当前，由国内14家科研单位、大专院校、技术推广部门、农机制造企业等单位联合组建的黑土区免耕农作技术创新与应用联盟在该县成立。

该县坚持"在利用中保护、在保护中利用"的宗旨，一直致力于恢复改良黑土地、实现农业现代化、建设优质高产可持续农田。2007年以来，通过联合中国科学院、中国农业大学等单位组成科研团队，用"十年磨一剑"的执着和坚持，开始了黑土区免耕农作技术体系攻关的探索，为实现黑土地资源永续利用蹚出一条道路。

### 保护性耕作

梨树县从2007年起，开始"玉米秸秆覆盖生产体系创新与应用"研究、示范和推广工作。玉米秸秆覆盖生产体系创新与应用，主要针对东北黑土区秸秆资源还田不足，对土壤长期进行掠夺性经营，导致土壤肥力降低、风蚀水蚀严重、农业生产环境恶化、持续高产高效困难逐年增加等突出问题，探索总结以推广应用玉米秸秆覆盖全程机械化生产技术为核心，配套农机农艺结合的高产高效技术措施，形成以秸秆覆盖、条带休耕为主体的技术模式，建立土壤培育与高效利用于一体的玉米秸秆覆盖全程机械化生产体系，从而促进相同类型区土壤环境保护与玉米生产的可持续发展。

经过近十年的探索与实践，该县实现了播种机械中国化、种植方式中国化、栽培技术系统化。同时该项技术可较常规生产田生产成本降低10%以上，单产提高5%以上，防止土壤风蚀和水蚀，对水土流失和提高作物抗旱能力发挥作用明显，也展示出玉米秸秆由负担变宝贝，既解决了东北地区十年九春旱的困局，又非常有效地实现黑土地的保护与利用的显著效应，目前已在东北三省一区推广，面积达150万亩。

### 示范基地建设

梨树县围绕"未来谁来种地、怎么种"的思路,大力推进示范基地建设,构建了两个网络体系。

试验示范网络体系。梨树县自 2007 年起建立起 3 种类型基地,并开展相应的研究工作。截至目前,该县已形成以梨树县基地为核心,以辐射吉林、内蒙古等示范基地为分支的基地网络,开展相关试验研发,研究、总结、促进在其他类似区域的推广应用经验。

推广工程网络体系。为促进黑土区免耕农作技术的推广,梨树县实施了推广工程网络体系建设。一是百千万亩方工程。全县每个乡镇建设 1 个万亩高产方、3 个千亩高产方、30 个百亩高产方。二是"21231 工程"。在全县打造以 2 个国家级试验基地、10 个专业性试验示范基地、20 个乡级综合试验示范基地、300 个覆盖全县的村级示范推广基地和 10 个万亩高产创建示范片为核心的科技研究体系,形成引领全县、各有侧重、层次鲜明的农业科技示范基地网络。三是"331 工程"。在百千万亩方工程的基础上,在全县每个乡镇建设 30 个百亩方、3 个千亩方,1 个万亩方,实现增产 10%。

### 玉米秸秆全覆盖免耕栽培技术

玉米秸秆全覆盖免耕栽培技术与传统栽培技术不同的是以养地、保土、保水和简化作业环节、降低生产成本为目的,秸秆全部还田和减少耕作环节;改过去不计成本一味追求高产为更加注重对耕地的种养结合、近期与长远结合、综合效益提升、持续稳产高产。

本技术是在原"宽窄行"栽培模式下创新发展的一种新技术模式,即在传统的均匀垄基础上,三垄为一个组合。第一年,在一个组合中按不大于原来的垄距播种两行(垄),空一垄(行),形成窄行、宽行模式,窄行距一般为 50 ~ 60 cm,宽行距一般为 120 ~ 130 cm,窄行、宽行交替进行;第二年在上一年的宽行中播种窄行;第三年在第一年的播种位置播种。

技术关键

秸秆还田覆盖地表收获时秸秆全部还田并覆盖在地表，实现养地、保土与保水的目的。

免耕或少耕减少不必要的耕作，将耕作次数减少到保证不影响粮食产量的程度，实现最大限度简化作业环节，解决黑土地"用养脱节"问题，实现黑土地可持续利用，达到降低生产成本提高综合效益目的。

栽培流程

由于作业环节得到简化，整个玉米的生产过程分为三步或四步，即：免耕播种、药剂控制病虫草害、收获时秸秆还田和必要时土壤疏松。土壤疏松不是每年必须做的，一般每两年作业一次，每次只对窄行间作业；如果土壤有机质增加到一定程度，耕地养分足了，土壤板结现象会减少发生，这项作业周期还可以适当延长。

免耕播种

这是该技术的关键环节。使用高性能免耕播种机作业，一次完成化肥深施、苗带秸秆切断和清理、播种开沟、种床整理、单粒播种、施入口肥、覆土、重镇压等工序。

选择优良品种选择适合当地自然条件的优良品种，发芽率大于95%，纯度、净度达到国家标准；单粒播种，根据品种特性确定播种株数，播种株数是保苗株数的110%。

选择优质化肥测土配肥。根据所测得的土壤养分含量和目标产量计算施肥量；选择缓控释肥料，一次性施肥。

实施播种方式

调整播种机的行距与确定的播种行距吻合；第一年在耕地的一侧的第一垄和第二垄间播种第一组窄行，扔一空垄在第四垄和第五垄间播种第二组窄行，以后以此类推；第二年在上一年扰的空垄两侧播种一组窄行。

确定播种时期适当晚播，在有效播种期的中后期作业；耕层 10 cm 处土壤温度超过 10 ℃进行。

掌控播种质量苗带秸秆处理到位，宽度达到 25 cm 以上；侧深施肥，化肥距种子横向距离达到 7 ～ 10 cm，深度达到 8 ～ 10 cm；种子深度均匀、株距一致、镇压加强，镇压后播种深度 3 ～ 4 cm，株距合格率大于 85%，镇压强度 65 g/cm$^2$。

注意事项：一是增施口肥（也叫种肥）严格控制施肥量，每公顷不得超过 75 kg；使用专用口肥品种，不得使用含氮量高度化肥。二是要严格控制播种深度，较传统播种浅 1 ～ 2 cm 为宜。三是不要盲目增加播种密度，按照品种说明书要求进行。

### 病虫害防治

选择高性能植保机械，这是保证喷药质量发挥药效的关键。自走式高地隙喷杆式喷药机能满足玉米整个生长过程各喷药环节的需要，不论播种后喷洒除草剂，还是生长后期喷洒杀虫剂都适用，特别是配有风幕装置的机型效果最好。

选择农药品种选择优质高效低毒的药品。一是除草剂选择。采用苗前除草的，选择内吸型毒杀式除草剂；采取苗后除草的，选择能抑制光合作用的杀青式除草剂。二是防治病虫害农药宜选择光谱型杀虫剂和杀菌剂。

选择喷药时机进行苗前除草作业，应在播种后出苗前进行，选择在雨前或雨中作业，如在雨后作业的，也得在地表潮湿情况下进行；进行苗后灭草、防病、防虫作业，应选择晴天进行，作业后 6 h 不得有降雨出现，否则重喷。

严控喷药质量：一是药量准确，根据防治对象的危害轻重科学确定数量；二是搅拌均匀，使用喷药机搅拌装置，按照说明书规定搅拌，不得敷衍；三是匀速作业，根据防治对象确定单位面积用药量，根据药品使用说明配制药液的浓度，根据喷头的流量确定作业速度。

注意事项：一是匀速行驶，不论什么情况也不能改变作业速度；二是找准交接行,保证不重喷和漏喷;三是地头转弯三注意,第一到头及时关闭喷头,第二接近地头时不能减速,第三进入下一行程开始时及时打开喷头。

### 秸秆覆盖还田

收获时将秸秆均匀覆盖在窄行中,用玉米收获机作业。一次完成摘穗、输送、剥皮、集装、秸秆还田等。

把握作业时机在玉米完全成熟后土壤含水量低的时段作业。

保证作业质量:一是粮食收净率达到99%,破碎率低于3%;二是秸秆覆盖均匀。

注意事项:一是收获机的轮子和运粮食机械的轮子不能碾压到来年播种的部位,将收获机的轮距调整到180 cm,可碾压在当年的窄行间;二是秸秆不需粉碎,摘穗后自然状态还田。

### 土壤疏松

这个环节不是必须做的,要看土壤容重的变化,如果土壤容重达到或超过了1.5或有犁底层,就得进行这样的作业了。使用高性能多功能深松整地联合作业机,一次进地完成土壤疏松、平地、碎土、镇压等工序。

作业时机与方式秋收后封冻前在宽行中进行作业,也可以在苗期6月下旬雨季到来前在宽行中进行作业。

控制作业质量主要是4个字,即:深,就是达到指定深度,有犁底层的地块,深度要达到30 cm以上,没有犁底层的可适当浅些;平,就是作业后地表应平整,不得有沟壑;细,即表土细碎,没有较大土块;实,就是土壤容重要达到1.0以上,形成上虚,中实,下通的耕层结构。

注意事项:一是作业后机器不得碾压在疏松带上;二是春季禁止作业;三是干旱时慎重作业。(摘自《农民日报》)

## 五、科技创新增产增效

《农民日报》2017 年 5 月 14 日刊发《梨树县：科技创新增产增效》（图 6.5）。

图 6.5

### 梨树县：科技创新增产增收

近日，记者在吉林省梨树县梨树镇八里庙村见到了卢伟农机农民专业合作社理事长卢伟。卢伟告诉记者："2016 年我们合作社种植的玉米喜获大丰收，经过专家实地测产，每公顷玉米在 14 个标准水内产量达到 2.9 万斤以上，按湿粮计算大约在 3.4 万斤。2016 年，我们合作社自己流转了 180 公顷耕地，其中黄豆种植面积在 40 公顷，小麦种植面积在 7 公顷，甜瓜种植面积在 17 公顷，其余 116 公顷种的都是玉米。玉米总产达到 340 多万斤，在 2016 年 10 月 6 日收获后全部卖出，当时的价格每市斤平均在 0.6 元。我们合作社种的玉米能丰收，得益于技术创新、科学种田。县农业技术推广总站指导我们采用秸秆还田全覆盖、生物防螟等技术已经有 4 年多了。这些集成技术的集中应用，既让我们增长了生产技能，又使耕地保墒、抗旱，玉米抗倒伏，增加粮食产量。用这些技术种地，去年我种的黄豆每公顷都打了 8000 多斤。"

卢伟农机农民专业合作社成立于 2011 年。2013 年，合作社设立了高产攻关田 10 公顷、高光效示范田 3 公顷、玉米大垄双行 182 公顷。2016 年合作社托管耕地 480 公顷。

在梨树县白山乡岫岩村张帅农机种植农民专业合作社，今年 45 岁的负责人王桂梅告诉记者："我们这里的耕地有沙土地和半坡地，以前，这里种植的玉米每公顷能打两万斤左右。这几年，使用秸秆还田全覆盖等种植技术，粮食产量逐年提高。2016 年我们合作社种植的玉米，经过专家实际测产，每公顷产量达到了 2.43 万斤的好收成。"王桂梅给记者举了一个例子，"2016 年 5 月 30 日，玉米长已经出 3 ~ 4 个叶子，当地刮了一场大风，我们使用了以上技术，小苗没有被刮走。刘家馆子镇有的农民没有使用这些技术，小苗都被大风给刮走了，损失惨重。这些技术能防沙固土保水分，越是干旱年头，越能显现出这些技术的好处。现在合作社、种粮大户、家庭农场都在学习和应用这些种地技术。"

梨树县农业技术推广总站副站长宋玉文介绍："以上这些技术我们统称为'梨树模式暨玉米秸秆全覆盖免耕栽培技术'。这些技术是我们经过 10 多年的实践探索，不断创新摸索出来的，全县粮食产量年年递增。2016 年，全县粮食产量达到了 62 亿斤，全县共落实'梨树模式'种植面积达到 25.9 万亩，占全县玉米播种面积的 16%。"

据了解，应用"梨树模式"种植玉米和其他农作物具有以下明显效果：一是提高土壤蓄水保墒能力；二是防风固土；三是通风透光；四是省时、省工、省力，减少化肥施用量，成本每公顷可减少 1000 元以上；五是保护环境提高地力。

目前，梨树县在全县范围内开展"梨树模式 331 工程"，即在每个乡镇建设 30 个百亩方、3 个千亩方、1 个万亩方。共建立 20 个万亩示范片、60 个千亩核心区、600 个百亩示范户，实现全县 20 个乡镇全覆盖。（摘自《农民日报》）

## 六、保护性耕作带来玉米种植革命

《经济日报》2017 年 6 月 24 日刊发《吉林四平：保护性耕作带来玉米种植革命》（图 6.6）。

图 6.6

*吉林四平：保护性耕作带来玉米种植革命*

吉林省四平市推广玉米保护性耕作新模式，收获后的玉米秸秆完全覆盖在土地上，春季播种免耕或者少耕，少翻动，保水分，起到保粮、节水、固土、洁气等多重效果，解决了东北黑土区玉米连作、秸秆焚烧导致的土壤退化及衍生的环境问题，是一场实实在在的玉米种植业革命。

5月3日，四平梨树县梨树镇八里庙村卢伟合作社的免耕播种机播下第一粒玉米种子，但周边农民却因为春旱不敢动手开播。合作社理事长卢伟拨开地上覆盖的秸秆，给记者讲解他能开播的秘诀，"秸秆覆盖下土是湿的，保墒没问题；我还得晾一天才能播，否则湿度太大。"梨树县农业技术推广总站站长王贵满讲解其中的道理："秸秆覆盖使秋天以来的雨雪藏在秸秆下，不会因风吹日晒而流失，甚至玉米茬子的孔还成了雨雪注入的渠道。保水是这个十年九旱区域春播的大事，以前采取坐水种，与城市争水，现在实行节水种植降低了成本。"

吉林省是世界黄金玉米带。全国粮食主产省、单产连年第一，靠的就是玉米。但连续耕作造成了土地退化，对黑土地造成灾难性的影响。从2007年起，中国科学院沈阳应用生态研究所、东北地理与农业生态研究所、中国农业大学和梨树县农业技术推广总站及相关农机生产企业在总结国外免耕栽培技术基础上，结合吉林实际，创建了适合我国国情的玉米秸秆覆盖全程机械化免耕栽培技术。这种技术不再焚烧秸秆，解决了环境污染问题，特别是避免了烧秸秆对土地产生的破坏，保护了黑土地。而且，秸秆还田，5年后土壤有机质可以增加20%左右，减少化肥使用量20%左右。王贵满让记者捏捏土块，果然疏松，有机质纤维清晰可见。"秸秆覆盖的另一个好处是防止风剥地，等于给地盖上了被子，降雨时可减少径流量60%。"王贵满说。

保护性耕作还带来了一些额外的惊喜。秸秆还田，耕作次数减少，对土地微生物繁殖有利，蚯蚓数量明显增加，对促进秸秆快速降解、土壤熟化都起到了积极作用。

土壤改善，水分充足，粮食产量自然就提高。卢伟给记者算了一笔账，他说保护性耕作要求的新型耕作方式共有3种，都是少耕少种，其中一种是"二比空"。种两垄空一垄，实际上相当于自然休耕，明年再在空垄上种植。这样每公顷地栽56 000～57 000株玉米苗，比常态化种植少3000多株苗。但因为通风透光好，结出的玉米格外大，所以产量基本一样，去年他种植的600公顷地平均产量达到了 28 600 斤。"保护性耕作 6 年后完全超脱常态化播种法，如果赶上旱年，保护性耕作的产量优势就在 30% 以上。"最让王贵满欣慰的是，这种耕作法保证了粮食产量，农民不亏。（摘自《经济日报》）

## 七、农田减肥减药，土壤恢复健康

《中国环境报》2017 年 9 月 8 日刊发《农田减肥减药　土壤恢复健康》（图 6.7）。

图 6.7　农田减肥减药　土壤恢复健康

## 农田减肥药　土壤恢复健康

### 吉林梨树改变种植方式解决农业面源污染问题

**编者按：** 环境保护部部长李干杰近日在京主持召开环境保护部 2017 年第三次部务会议，审议并原则通过《农用地土壤环境管理办法（试行）（草案）》。会议指出，良好的土壤环境是农产品安全的重要保障，是人居环境安全的重要基础。要加强与农业等部门的分工合作，形成推进农用地土壤环境保护工作合力。

解决农业面源污染问题是保护农用地土壤环境的重点之一。本版为此特刊发相关地方经验报道，以飨读者。

在中国农业大学教授李保国的朋友圈里，有一则被刷爆了的微信。照片里，潮湿的黑土地上铺着一层厚厚的秸秆，玉米迎来大丰收。照片上配有"雨后梨树站"5 个字。不少李保国的朋友表示惊讶：为什么农田种植采用空一行、种一行的方式？

李保国解释说，这是吉林省梨树县采用的轮作免耕"梨树模式"的一种方式。梨树县是吉林省四平市下辖县，位于吉林省西南部，地处松辽平原腹地，有"东北粮仓"和"松辽明珠"的美誉。随着对土地资源高强度的利用，黑土地退化十分严重，土壤变得贫瘠、肥力下降，疲惫不堪。"梨树县是农业大县，如何让黑土地在不影响生产能力的情况下恢复活力，促进土壤环境保护与生产的可持续发展，成为一项重要课题。"李保国说。

"一直以来，粮食产量的增加主要得益于品种的更新、化肥与农药的高投入，但产量增加的幅度却呈现逐渐减小的趋势。"梨树县农业技术推广总站站长王贵满告诉记者，干旱、地力下降和传统耕作方式也是导致土壤健康受影响的主要原因。

为了让土壤恢复健康，2007 年，县农业技术推广总站与中国科学院等农业科研院所合作，在县里建立起保护性耕作研发基地——玉米秸秆覆盖免耕栽培技术试验田。

如何种？

"从保护土壤的角度讲，秸秆是很好的养料。"王贵满介绍，当玉米丰收后，采用秸秆覆盖免耕栽培技术，分 3 阶段进行：第一阶段为秸秆全覆盖；第二阶段为秸秆覆盖宽窄行种植；第三阶段则将秸秆条带覆盖。

秸秆还田并不新鲜，在美国、加拿大、澳大利亚等国家，农民大多采用秸秆还田的方式处理秸秆。"这些国家采取少耕、休耕等保护性耕作技术来涵养土壤。"李保国表示，"长时间的休耕可以使秸秆在田里得到充分有效的分解。秸秆覆盖免耕栽培技术则体现了让土地休耕的思想。"

休耕不是让土地荒芜，而是让其"休养生息"，用地养地相结合来提升和巩固粮食生产力，既可以让疲惫的耕地休养生息、恢复生态，又可以通过改良土壤，增强农业发展后劲，实现真正的"藏粮于地"。

但是，欧美国家农业机械化发达、耕种土地规模化，它们的休耕方式不适宜我国国情。梨树站研发的技术既借鉴了发达国家的方式，也结合了我国国情。在还田时，注重"宽窄行"的栽培模式。即在传统的均匀垄基础上，三垄为一个组合。第一年在一个组合中按不大于原来的垄距播种两行（垄）、空一垄（行），形成窄行、宽行模式，窄行距一般为 50～60 cm，宽行距一般为 120～130 cm，窄行、宽行交替进行；第二年在上一年的宽行中播种窄行；第三年在第一年的播种位置播种。

效果怎样？

实践证明，采用宽窄行种植，既让土壤得以轮休，粮食也不会减产。同时，土壤蓄水保墒能力得到提高，因土壤肥力增加，化肥使用量降低，节本增效明显。据连续多年测定，土壤有效水量供给增加 50 mm 左右。连年秸秆覆盖还田，土壤有机质呈递增趋势。有机质积累主要在表层，全秸秆覆盖免耕 5 年后，0～5 cm 土层的土壤有机质可以增加 20% 左右，5 cm 以下土层土壤有机质也逐渐升高。

在免耕秸秆覆盖技术田块，每平方米蚯蚓的数量最多时增加到 120 多条，是常规耕作的 6 倍。王贵满欣喜地表示，正是大量蚯蚓的活动，使保护性耕作条件下的土壤有着良好的孔隙度，土壤不至于太过坚实，疏松的土壤才是健康的土壤。

李保国告诉记者，由于秸秆中的养分回归土壤，土壤中全氮、全磷、全钾以及速效氮、速效磷、速效钾均会有不同程度的增加。秸秆覆盖全免耕 5 年后的地块，每年可比现在耕作方式减少化肥施用量 20% 左右，仍然保持粮食稳产高产。在梨树镇高家村 10 年的定位试验中，尽管减少化肥使用量 20%，粮食的平均产量依然比不采用这一技术的地方高出 5% ～ 10%。

梨树镇康达农机合作社的试验基地连续 5 年每年少施 20% 化肥，粮食照样丰收。村民高兴地表示，以前为了确保粮食产量，不得不大量增肥。尽管如此，土壤越发贫瘠，最后形成恶性循环。

李保国告诉记者，在防治农业面源污染的政策导向下，新技术的采用有利于减肥减药，是保护耕地质量的一大发展方向。

经过多年的研究完善和示范推广，到 2017 年，这项技术在梨树县示范面积已经扩大近 1 万公顷，试验基地遍及全县各乡镇，有的村已经实现了全村覆盖。王贵满说："这片试验田是我国研究土壤在各种条件下变化规律的重要阵地，是研究土壤改良的'宝地'。"

当记者问到推广有何难度时，王贵满表示，最大的难度在于扭转农民的思想。要让他们实地考察，切实看到减肥减药也能保证产量，才能让他们改变原有的耕种方式。"不要小看每一片农田的减肥减药，星星之火可以燎原。"王贵满说。（摘自《中国环境报》）

## 八、土地好了，农民增收了

新华网 2017 年 10 月 28 日发表《土地好了，农民增收了——产粮大县吉林梨树保护黑土地所带来的改变》（图 6.8）。

图 6.8

**土地好了，农民增收了——产粮大县吉林梨树保护黑土地所带来的改变**

十月的黑土地，正是收获的季节。在吉林梨树，一眼望不到边的玉米泛着金黄。经过近 10 年玉米秸秆覆盖免耕栽培这一保护性耕作技术的推广，这里的土地质量正在改善，农民收益提高，种植结构多样，促进了农业的可持续发展。

### 秸秆覆盖免耕栽培让蚯蚓又回来了

这些天，林海镇农民王跃武正忙着在自家地里收玉米。收割机走过玉米地，秸秆倒下，像被子一样盖在土地上。王跃武指着垄间腐烂的秸秆说，这是去年还田的，来年春天就在这垄间用免耕播种机直接播种，而今年的秸秆明年又会腐烂，这样就实现了轮作和秸秆还田。

王跃武所说的这种秸秆覆盖免耕栽培技术，在梨树试验推广已近 10 年。2007 年，梨树县与中科院、中国农业大学等科研单位借鉴国外经验，开始试验这一保护性耕作技术，并在各乡镇逐渐示范、推广。

2011 年，王跃武开始在自家地里做试验。这两年，王跃武发现自家的玉米明显比别人家"壮实"，也不怕春旱，土地也有了变化。"土里的蚯蚓多了，基本铲一锹土就能看见，一平方米土地里得有几十条，以前很难看到。"王跃武还逐渐降低化肥的施用量，"别人一垧地用 2000 多斤，我只用 1600 斤，产量依然比别人高。"

当地农业专家介绍，秸秆覆盖免耕栽培技术的应用增加了表层土壤含水量和有机质含量，土壤更松软了，作物根系扎得更深，抗灾能力也增强了。不少看到好处的农民也纷纷开始尝试。

如今，王跃武成了村里的农业科技示范户，秸秆覆盖免耕栽培技术也在全村推开。目前，梨树超过一半的土地采取了保护性耕作，应用秸秆全覆盖免耕栽培技术的土地超过 30 万亩。

### 曾经的黑土地"邦邦硬"

今年，四棵树村农民刘海森一垧地收了 25 000 斤玉米。"今年年景差一些，比较旱，这要是以前肯定是减产的，可你看我这玉米，产量也不低。"试验保护性耕作多年的刘海森得意地说。

说起 10 年前的黑土地，种了几十年地的刘海森感叹说，耕层越来越薄，一刮大风玉米就容易倒伏，"土壤板结严重，踩一脚邦邦硬，地力不行了，多施化肥也很难增产。"

相关监测数据显示，梨树县黑土区腐殖质厚度小于 30 cm 的黑土地超过 30%，耕层深度从 20 cm 下降到 15 cm 左右，土壤中有机质含量也明显减少。

梨树县农业局副局长王贵满说，多数农民缺乏保护黑土地的意识，精耕细作的传统耕种方式加剧了土壤失墒、风蚀，同时为了追求高产量一味增加化肥使用，掠夺性的耕种使得黑土地地力逐年下降，生产成本越来越高。

形成 1 cm 黑土层需要几百年的时间，但黑土地正面临日趋板结、可耕性变差的问题。"如果再不注重保护黑土地，提高耕地质量，农业可持续发展将受到严重威胁。"吉林农业大学土壤学教授窦森说。

### 保护性耕种促进农业可持续发展

梨树镇农民卢伟应用秸秆覆盖免耕栽培技术已有 7 年。说起好处，卢伟算起了账，"化肥少用 20%，增产至少 10%，加上减少的机器作业成本，一垧地一年节本增效 2000 多元，那这 150 垧地一年得省多少钱啊。我还要继续试验减少化肥使用。"卢伟说。

生产效益的提高增加了农民收入。同时，农民也开始积极尝试绿色种植方式，秋收后的玉米秸秆不仅用来还田，也用来堆沤有机肥，或加工饲料，曾经的"烧火棍"成了农民的宝贝。

农民杨青魁今年在应用秸秆覆盖免耕栽培技术已有 10 年的土地上试种了 5 垧有机玉米。因为对土地肥力有信心，他只施用了适量的有机肥，一垧地算下来要比用化肥便宜 2000 元。"一垧地收了 25 000 多斤，没比普通玉米产量低，这市场价格可高多了。"

还有很多农民尝试种植高粱、黑麦、地瓜等作物，积极调整种植结构。不少农民表示，土地质量好了，也敢尝试更多品种。

收入提高了，秸秆不烧了，化肥越用越少，作物种类越种越多，保护性耕作技术正改变着梨树的农业生产。王贵满说，黑土地保护技术的推广，不仅推动农业供给侧结构改革，也有力促进了农业的可持续发展。（摘自新华网）

## 九、东北第一届玉米秸秆覆盖免耕高产竞赛

《农业机械》杂志 2018 年第 1 期刊发《东北第一届玉米秸秆覆盖免耕高产竞赛收官，49 家合作夺得奖杯》

**东北第一届玉米秸秆覆盖免耕高产竞赛收官，49 家合作社夺得奖杯**

2017 年 12 月 17 日，东北第一届"康达杯"玉米秸秆覆盖机械化免耕栽培技术高产竞赛活动总结表彰大会，在全国产粮大县、东北保护性耕作玉米秸秆覆盖免耕技术的发源地、"梨树模式"的诞生地吉林省梨树县隆重召开，来自吉林省、辽宁省、黑龙江省和内蒙古自治区的 49 个农民合作社、家庭农场和玉米种植大户获得玉米秸秆覆盖免耕栽培技术高产竞赛奖，同时获得奖金和奖产的奖励（图 6.9）。

图 6.9

据悉，2017 年，中国农业大学吉林梨树实验站、黑土地保护与利用科技创新联盟，于春季共同发起并组织开展了以"梨树模式"为核心的玉米秸秆覆盖机械化免耕播种栽培技术高产竞赛活动，并将其作为推动农业技术创新应用的一个品牌活动。活动得到了吉林省康达农业机械有限公司的大力赞助支持，正式冠名为"康达杯"；同时长春市恩达农业装备公司、吉林恒昌种业公司、北京德邦大为科技公司、长春市天泽农业科技公司等农机及种业企业也积极参与这个竞赛活动，给予了支持。

东北第一届"康达杯"玉米秸秆覆盖机械化免耕技术高产竞赛活动中，共有 150 个多农民合作社、家庭农场、种粮大户及农业公司等积极报名参加活动，竞赛地块达近 200 块。

根据竞赛活动的实施方案，由专家等组成的竞赛组委会，依据符合竞赛条件参赛地块的玉米秸秆覆盖方式、覆盖比例，推广应用面积、竞赛户自测和竞赛组委会测产组实地理论测产单位面积产量，以及所在区域、土壤类型等因素综合进行评定，最后决定评比出 49 个参赛的农民合作社、家庭农场、玉米种植大户获奖。

其中，评定出一等奖 3 个、二等奖 6 个、三等 14 个、优秀奖 25 个。采用玉米秸秆全量覆盖方式、年推广应用面积 200 公顷以上、秋季理论测产公顷产量平均超过 1.2 万公斤的被评定为一等奖。

据了解，鉴于吉林省梨树县中科院沈阳生态所高家保护性耕作试验基地，在玉米秸秆覆盖免耕播种栽培技术体系方面所取得的优异创新成果，对东北地区乃至全国示范推广玉米秸秆覆盖免耕播种栽培技术所起到的极大的示范引领带动作用，做出的卓越贡献，经竞赛组织会研究决定，授予中国科学院保护性耕作梨树高家试验基地"康达杯"特别奖。

竞赛地块全部采用秸秆全部覆盖还田、机械化免耕播种技术，近 90% 的地块是使用的是获 2017 年中国农机行业年度大奖产品金奖的吉林康达公司指夹式免耕播种机；部分地块采用秸秆条带洁净分离处理技术，使东北秸秆覆盖难题得到破解，玉米产量提高有了保障，实现了玉米绿色、节本、增效生产。

大会介绍，在竞赛活动期间，中国农业大学、中国科学院沈阳应用生态研究所等单位的不少专家、教师、科技人员在玉米生产的关键农时季节，多次深入到田间地头，开展玉米秸秆覆盖免耕播种栽培的技术指导服务，传授玉米高产节本关键技术要点，推动了竞赛活动的开展。

在总结表彰大会上，组织承办单位宣布，2018年要在东北地区扩大面积、扩大范围，继续组织开展玉米秸秆覆盖机械化免耕栽培技术高产竞赛活动，促进东北乡村产业兴旺、绿色发展。（摘自《农业机械》杂志）

### 十、刊发人民眼·东北黑土地保护专题

《人民日报》2018年5月11日在"人民眼·东北黑土地保护"专题中刊发"《一个产粮大县的黑土保卫战》（图6.10）。

图6.10　人民眼·东北黑土地保护

## 一个产粮大县的黑土保卫战

耕地是粮食生产的"命根子"。吉林省梨树县历来是"守着黑土不愁粮"，耕地面积达 400 多万亩，粮食总产量多年保持在 50 亿斤以上，名列全国粮食生产十强县。

但高产背后，却是黑土地的长期透支。

黑土是世界公认的最肥沃的土壤，形成极为缓慢，在自然条件下形成 1 cm 厚的黑土层，需要 200 ～ 400 年。全球黑土区仅有三片，分别位于乌克兰第聂伯河畔、美国密西西比河流域和我国东北平原。

《东北黑土地保护规划纲要（2017—2030 年）》指出，据监测，近 60 年来，东北黑土地耕作层土壤有机质含量平均下降 1/3，部分地区下降 1/2。目前，东北黑土区耕地的黑土层，平均厚度只有 30 cm 左右，比开垦之初减少了约 40 cm。

为了保护好黑土地，梨树县作了一系列探索。保墒、防风蚀、增加有机质，在县农技推广总站站长王贵满看来，秸秆覆盖还田、轮作等方法是养地增产最经济有效的方式。

"这个技术这么好，你问大伙做不做？还是犹豫！"王贵满告诉记者，农民从道理上是认可的，但他们怕"说的都对，做起来白费"。王贵满深知，几十年形成的耕作习惯，哪怕一丁点儿改变，都像是一场革命。

"老百姓心慌啊，一点闪失就得搭上一年的收成。"推广秸秆全覆盖免耕技术，王贵满没少当着农民面做"担保"。虽然常感步履艰辛，但他坚信："保护好，黑土地就会重生。"

从"二两油"到"破皮黄"　重用轻养"瘦"了黑土地

车从梨树县城向西北驶出，一马平川，行驶近 40 公里，到达林海镇。

33 年前，程延河离开四棵树乡王家桥村，到林海镇农业技术推广站工作。"当时，肠子都悔青了，林海的庄稼不打粮，穷啊。"

王家桥村位于梨树县城和林海镇中间，以黑土肥沃闻名。

当地流传着这样的话："梨树收了四大桥，全县饿不着。"王家桥村就是其中一"桥"。

而林海镇属于黑土地向沙地的过渡地带,黑土地沙化的迹象一度十分明显。"春天刮风,土粒子打得脸疼,刚发芽的种子让风生生地从垄里刨出来,只剩几条根须连在土里。"程延河回忆说,到处是"风剥地"。

"咱东北的春天,风多,有劲儿。春风起,十里沙。严重的时候,一春天几乎能刮走一脚厚的土,把黑土都刮走了,不成了黄土平原?"程延河一想到这就会后怕。

紧邻梨树县城的梨树镇八里庙村,50 岁的村民卢伟种了一辈子地,也有同样的担忧。

"一两黑土二两油,插根筷子能发芽。在老辈人眼里,咱村这地都是宝地。"卢伟还依稀记得小时候走在田里软绵绵的感觉,手往地里一掏就是坑,"抓一把土手感相当舒服。"

"老辈人翻地哪有露黄土的时候,但现在深翻一点就是黄土。"卢伟说,有些地块挖开 10 多厘米下面就是黄土,土话叫"破皮黄"。

吉林省土壤肥料总站 2017 年 10 月完成的一份调研报告显示,开垦初期,黑土层厚度一般在 60 ~ 80 cm,深的可达 100 cm。目前,吉林省黑土腐殖质层厚度大于 30 cm 的占总面积的 35%,20 ~ 30 cm 的占 38%,小于 20 cm 的占 27%(其中完全丧失腐殖质层的占 3%)。

近些年,卢伟承包土地,各种各样的地都见识过。"原来用 20 马力的拖拉机,能把这地旋耕得稀松;现在,150 马力以上的拖拉机旋完地,还全是土坷垃,地硬了。"

八九月份,玉米已经结棒。落过一阵雨,卢伟下地薅起一棵玉米秆,"根就盘成脸盆这么大一坨,地下 20 cm 深的地方全是犁底层,硬得扎不下根。"

黑土变薄、变硬,也变得更"馋"了。

卢伟是棵长在黑土里的"老玉米",地力咋样,他心里最清楚。"地'馋'其实是地力不行了,但粮食还在年年高产,得靠化肥'催'。"

"一年比一年多下肥,怕肥少了减产,挣不着钱啊。"卢伟内心的隐忧还是敌不过对丰收的期盼。

吉林省的施肥状况经历了"有机肥为主 – 有机肥和化肥配施 – 化肥为主 – 单施化肥"的演变过程。

"土壤内矿物质和微生物大量消耗，化肥残留，加之水土流失，这黑土哪里还有生命力？"王贵满说。

黑土地之所以"黑"，就在于它覆盖着一层黑色的腐殖质，这种土壤有机质含量高，土质疏松，最适宜耕作。

吉林省监测数据显示，全省黑土地土壤有机质含量从 20 世纪 50 年代初期的 8% 下降到现在的不足 2%。目前，黑土耕层有机质还在以平均每年 0.1% 的速度下降。有机质含量的持续降低，导致土壤板结，供肥保水能力下降。

"以前用农家肥，秸秆经过家畜的消化，变成粪便又回到地里。大量用化肥后，秸秆烧掉，费力费工的农家肥也不用了，黑土的营养就这样一点点地流失。"王贵满说。

"黑土地就这么不行了？"卢伟觉着，得跟着王贵满干点啥，"黑土这宝贝，不能在咱这一辈手里整没了。"


从老习惯到新技术　田里渐渐"黑"起来

眼下的东北平原，正逢春耕时节。

"俺家的苗出少了。"听到有人在车前嚷嚷，王贵满赶紧下车。

站在地头，一看，旁边按老办法整地起垄的田里，干净整齐，苞米苗绿油油一片，两三棵苗挤在一起往外蹿；眼前用新技术整的地，乍一看，秸秆交错，玉米苗稀疏不少，还"矮人一头"。

"苗不少，也不会减产。拿我工资担保，行不？我人跑不了，话撂在这，大伙作证。"王贵满给农民先吃一颗"定心丸"。

"秸秆全覆盖免耕，地温稍低，出苗慢点，天再暖和些就好了。"王贵满解释完又反问道，"先说墒情好不好吧，省了买种子和间苗的钱了吧？"

隔了半个月，王贵满又特意到农户的地头查看，"苗出得溜齐儿，农民的心也踏实了。"

王贵满的底气，来自高家村实验。"实验计划10年初见成效，现在远远好于预期。"

2007年，高家村一块200多亩连片地块，成为秸秆全覆盖耕作技术的试验田，采用宽窄行种植模式，窄行上两垄玉米一般间隔40 cm种植，宽行一般80 cm上面覆盖秸秆。第二年80 cm的宽行中间取40 cm种植玉米，去年的窄行变宽行堆秸秆。

梨树县农牧局局长盛天介绍，秸秆全部地表覆盖，宽窄行轮作，让秸秆有时间慢慢腐烂，春天免耕播种机一次性作业，不整理土地，不起垄，直接完成播种、施肥等所有工序。

在这块试验田里，中科院、中国农业大学和吉林省农科院等单位的研究人员，以玉米秸秆全覆盖为核心，逐步探索建立起较为成熟的耕作技术体系。

中国农业大学科研团队监测显示，试验田保水能力相当于增加40～50 cm降水，减少土壤流失80%左右。全秸秆覆盖免耕5年后，土壤有机质增加20%左右，每平方米蚯蚓的数量达120多条，是常规垄作的6倍。

新技术的推广，起初并不顺利。

2007年秋，程延河领着林海镇揣洼子村党支部书记崔宪臣到试验田里看，当时就动了心，"咱那儿风沙大，墒情差，还是这样种地好。"两个人找到王贵满要学技术。

"想要干？遇到难处，就是天天嘴起泡，也得干，不能糊弄，不能打退堂鼓。"

"行！"崔宪臣毫不含糊。

"俺们崔书记，虽然小学毕业，但种地就认科学。"程延河也忙着补话。

转年春天，崔宪臣就在村里张罗1000多亩地，尝试秸秆全覆盖耕作技术，在梨树县算是头一份。

不承想，当年秋收过后，崔宪臣被村民告到了镇里。

"当时播种机老出问题，错过了农时。"崔宪臣说，结果600亩地减产，村民开始告状。

原先四轮板车拉水种地，现在秸秆覆盖，有 5 cm 降水就能保出全苗；原先一亩地得播 7 斤种子，现在不到 3 斤种子就够，崔宪臣使劲儿跟大伙算账，"种一亩地，省下的种子钱和种地的工钱就 70 多元。"

嘴里真磨破了泡，崔宪臣总算带领大伙种了下去。

10 年过去，从一块试验田起步，如今秸秆全覆盖耕作推广示范面积达 30 万亩，今年底，梨树县秸秆还田面积将达 150 万亩。

为全面推进黑土地保护，2016 年以来，梨树建设高标准农田近 60 万亩，测土配方精准施肥全面铺开，耕作层深松深耕等一系列新技术全面推开。

"黑土地保护需要政策拉动、种粮大户带动，还有科技支撑。"王贵满深有感触。为推动黑土地保护，梨树县吸引南来北往的专家和科研单位在当地落脚。

如今，从中国农业大学梨树实验站，到村头地边的"科技小院"，来自各大高校、科研机构的 200 余位科研人员常年在梨树搞科研。自 2015 年举办首届"梨树黑土地论坛"至今，已有包括 11 位院士在内的国内外 160 余位专家做客梨树，为保护黑土地支招。

近 10 年来，梨树农业部门还通过组织高产竞赛、召开研讨会等形式，吸引了全县种粮大户广泛参与，让他们成为黑土地保护的忠实"粉丝"。

"苗带都被秸秆覆盖，导致地温低影响出苗，秸秆量大还影响播种。"在 2015 年底的农民研讨会上，县里的种粮大户针对秸秆全覆盖耕作的问题说道起来。

"这个我暂时还解决不了。大伙儿先回去琢磨，开春整出个法子来。"主持会议的王贵满说。

"说实话，有些问题，咱一时半会也拿不出主意，但可以动员农民一起想办法。"王贵满说，农业生产有很强的区域性，新技术实施效果千差万别，得和农民商量着干，调动他们的创造性，因地制宜解决问题。

"苗带可以用机器清理。"第二年开春，四棵树乡农民杨青云找到王贵满交了答卷。

"费了老大周折，先花了 6000 元,买零部件焊接制作。然后找了 15 亩苞米地，反复试验，一个星期不停改进。"在三棵树村家中，杨青云拿出了国家知识产权局颁发的实用新型专利证书，展示了他的发明——秸秆归行机。只见可调节的圆形爬犁的钢板上面，钻眼成串，焊缝一条接一条。

如今，杨青云的发明已在梨树县普及，秸秆归行机销往全省。

"农民有积极性参与，一年能解决一两个问题，10年下来那就了不得了。"王贵满说，这也是黑土地保护的希望所在。

### 从调结构到促循环　绿色农业热起来

35岁的刘春野，是梨树县刘家馆镇春野农民专业合作社负责人，二十出头开始种地，如今经营着近3000亩地。杂粮杂豆是他今年的全部种植计划。

"咱这地薄，苞米亩产1000斤，已经算多了，比不了人家亩产1800来斤。"玉米收购市场化后，产量和价格都不占优势，刘春野一改只种玉米的老套路，开始杂粮杂豆玉米轮作。

"现在这地苞米亩产能到1300来斤。"刘春野将前两年的黄豆地种玉米，黑豆地种黄豆，玉米地种黑豆。三样轮着来，豆子挣了钱，固氮又肥了田。

小到农技改革，大到结构调整，梨树县力推循环农业，发展绿色农业，一场黑土地保卫战正在全面打响。仅去年，全县调减玉米35万亩，播种大豆近10万亩，打造了全县5万亩耕地轮作试点示范区。

眼下，快种完地，刘春野就有了重要收获。"再过一个多月，绿色食品标志就能下来。"经过3年转换期，刘春野经营的土地通过了检测，达到绿色标准。

"就拿种黑豆来说，亩产300多斤，去年卖到3元一斤。有了绿色食品标志，每斤还能轻轻松松多卖2元钱。"拿起纸笔，刘春野算开了账。

"今年县里还直接把有机肥运到了地头，基本不用自己花钱买肥。"刘春野的3000亩地免费用上了有机肥。

利用畜禽养殖废弃物等，积造施用有机肥，是保护、提升黑土地地力的重要内容。今年春耕，梨树县投资150万元，完成3万亩增施有机肥任务。

作为农业大县，"梨树白猪"远近闻名，全县年生猪交易量高达150万头。

丁德经营着4家种猪繁育场，企业规模居全县前列。在位于四棵树乡的厂房内，记者看到，与猪舍配套的粪便干湿分离器、堆肥的储粪场地、粪液的储藏池、氧化塘等设备分布的井井有条。

丁德介绍，粪便从猪舍出来，由管道进入混凝土池子，经过干湿分离后，干粪进入储粪场，卖给县内的有机肥厂；湿的进入氧化塘内发酵，春耕前秋收后，再装进罐车还田。

为了让粪液有地可还，丁德的企业通过承包、流转等方式来经营耕地。养殖和种植无缝对接，由盐碱地改造的 1200 亩水田，去年水稻收入达 100 万元。

企业自己做循环农业，是梨树养殖企业的主要模式。丁德到过不少地方考察，希望省去企业流转土地的麻烦和成本。"远的不说，就说我们省另外一个产粮大县榆树，采用购买服务方式，由畜禽养殖企业或合作社将秸秆和畜禽粪便沤腐熟施到田间。"去年，榆树推广面积达 10 万亩，中标企业完成肥料堆沤之后，送至地头田间，由农民自己扬撒。

如今，梨树县黑土地保护也提出了做好生态循环农业的目标，正着手建设绿色食品玉米标准化生产基地 100 万亩，让丁德这样的养殖户颇为期待。

让黑土地"绿"起来，必然要管控畜牧业对土壤的污染。"我们逐渐用有机肥、生物肥取代化肥，降低化肥使用量，并严格控制饲料添加剂重金属用量。涉重金属企业必须依法申领排污许可证，开展强制性清洁生产审核，实行清洁生产。"盛天表示。

借助黑土保护试点项目建设，梨树绿色农业发展正向"绿色+智慧"迈进。目前，全县形成了黑土资源动态监测信息网，专事监测黑土地水土流失和耕地质量变化情况。

从分头干到合力做　黑土保护任重道远

"当初，地比较荒，一亩产 1000 斤粮。"王贵满在高家村的试验田里踏查说，如今，亩产 1700 斤，还少用 20 斤肥。

走进试验田，只见秸秆像被子一样盖在地上。扒开秸秆，王贵满伸手抠进地里，抓起一把土，"看，湿乎不，黑不？"随后，他轻轻抖落开手里的土，腐烂的秸秆碎屑夹杂在土里。

秸秆还田，还回了从地里吸收的养分，增加了土壤腐殖质。

走到地头的一米见方土坑前，王贵满不停地给记者比划着，"看，黑土层有 50 cm 厚，去年苞米的根扎到快 1 m 深啦。"

10 年辛苦不寻常，黑土又恢复了生机。克服了诸多障碍，保护性耕作技术的集成已不是问题，但黑土地保护依旧任重道远。

就拿秸秆消化利用说吧，相关部门之间仍待形成工作合力。

去年冬天，杨青云出趟门，回到家后，地里的秸秆没了，"操心又上火，以前被火烧，今年被打包。"

"白瞎了去年的秸秆。"杨青云说，"打包机见地就蹿，因为打了就拿钱。"去年冬天雪下得少，打包机可以持续作业，打包一亩地秸秆可得补贴 30 元。

杨青云有些无奈：农业部门倡导秸秆覆盖还田，农机部门鼓励秸秆打包发电，各家干各家的活咋成？

现行补贴政策也需精准发力。吉林省土肥总站研究员李德忠参与了全省黑土保护大大小小的调研，深感农业补贴种类繁多，但用于养地的补贴较少。

"农业生产综合补贴实行的还是普惠制，想要发挥更大的作用，应该研究设立秸秆还田、增施有机肥、粮豆轮作、深耕深松等专项，把一部分补贴资金用在保护和提高地力上。"李德忠建议。

"秸秆覆盖耕作只有带地入社的在做。"卢伟的合作社现有 3100 多亩地，都是农户带地入社经营。他说，小农户只看到免耕省事省钱的好处，照旧将秸秆从地里烧掉，然后花上 400 多元，雇上合作社的免耕机械，轻松就把地种了。

依托种粮大户和合作社，梨树稳步推进黑土地保护。但是，土地分散经营制约黑土地保护的瓶颈，并没有被彻底打破。

合作社做到如今的规模，卢伟靠的是信誉，"把地交你手里，每年收益比自己种好些，所以带地入社干，一旦哪一年赔了，大伙就不认你了。"

卢伟每年都会在地里尝试些保护耕地的"新花样"，"地就是再多些，咱也能种。"在田里滚了大半辈子，卢伟对种地不犯怵。

"不去推广新技术，问题咋也解决不了。"梨树县黑土地保护效果好于预期，让王贵满对未来充满信心。

今年 3 月 30 日，《吉林省黑土地保护条例》正式公布，7 月 1 日起施行，明确了黑土地保护的责任主体、保护措施、监督管理制度等。

"这为保护黑土地提供了硬支撑。"王贵满说，"下一步还要建好机构，抓好考核，拧成一股劲，保护好这黑土地。"（摘自《人民日报》）

## 十一、黑土地上"种"希望

吉林电视台 2018 年 5 月 12 日播出全国首档"七进"纪录式理论宣传栏目《好好学习》第二季第四期（总第 22 期）：黑土地上"种"希望（图 6.11）。

《好好学习》：黑土地上"种"希望

2018-05-12 23:03

由吉林电视台倾力打造的全国首档"七进"纪录式理论宣传栏目《好好学习》第二季第四期（总第22期），将于12日21点15分在吉林卫视频道播出。

2015年7月，习近平总书记在吉林省视察时作出重要指示：黑土地土质肥沃，是吉林农业发

图 6.11

### 吉林电视台《好好学习》学习指南

2015 年 7 月，习近平总书记在我省视察时做出重要指示：黑土地土质肥沃，是吉林农业发展得天独厚的条件。要开展黑土地保护行动,切实把黑土地保护好、利用好。

吉林省素有"黑土地之乡"的美誉，地处东北黑土地核心区域，世代生活在这里的人们口中都流传着这样一句顺口溜："捏把黑土冒油花，插根筷子能发芽"。黑土地土壤肥沃，耕作条件优越，是宝贵的自然资源和我省振兴发展的重要基础（图6.12）。

图 6.12

　　本期节目，"好学生"们将走进吉林省四平市梨树县。从 2007 年起，梨树县与中国科学院、中国农业大学等科研单位与院校开展广泛合作，通过秸秆还田、高留茬、施有机肥等措施提高土质，同时推行宽窄行种植方式，对土地进行休耕、轮作，藏粮于技、藏粮于地，形成了技术可行、模式实用、机具配套、效果明显的技术生产体系，为北纬 43° 黑土区保护性耕作制度提供了"梨树样本"（图 6.13 至图 6.15）。

图 6.13

图 6.14

图 6.15

　　保护这片黑土地究竟有怎样重要的意义？黑土地保护的"梨树模式"背后
又有着哪些鲜为人知的故事？敬请关注吉林卫视频道 12 日 21 点 15 分播出的《好
好学习》。

　　除节目中将要介绍到的"梨树模式"外，吉林省从 20 世纪 80 年代起，就
创新性地提出了"耕作层表土剥离再利用"的保护机制，对黑土地表土进行剥
离并另行存储；2010 年 3 月 31 日，出台了《吉林省耕地质量保护条例》；2014 年，
启动实施"吉林省中部粮食主产区黑土地保护治理工程"；2015 年，制定了《黑

土地保护治理"十三五"规划》，将榆树市、公主岭市、农安县和松原市宁江区4个区域作为"东北黑土地保护利用试点"；2018年3月30日，又出台了《吉林省黑土地保护条例》，《条例》将于今年7月1日正式实施，这也将是我国第一部黑土地保护法规。（摘自搜狐网）

## 十二、"保黑土"有新招儿

《吉林日报》2018年6月26日刊发《"梨树模式""双辽速度""伊通路径"……四平"保黑土"有新招儿》（图6.16）。

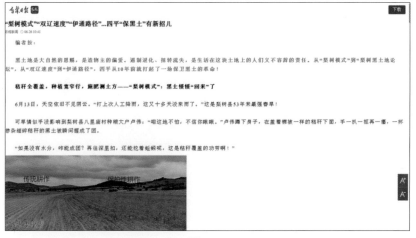

图 6.16

**"梨树模式""双辽速度""伊通路径"……四平"保黑土"有新招儿**

**编者按**：黑土地是大自然的恩赐，是造物主的偏爱。遏制退化、扭转流失，是生活在这块土地上的人们义不容辞的责任。从"梨树模式"到"梨树黑土地论坛"，从"双辽速度"到"伊通路径"，四平从10年前就打起了一场保卫黑土的革命！

保护黑土地　四平在行动
健康的土地是支持人类生存的主要资产。

东北黑土是世界公认的最肥沃的土壤。吉林省黑土区是我国粮食生产的核心基地，每年可向国家提供商品粮 700 多亿斤，在保障国家粮食安全上举足轻重。

黑土地之所以"黑"，就在于它覆盖着一层黑色的腐殖质，有机质含量高，土质疏松，最适宜耕作。但《东北黑土地保护规划纲要（2017—2030 年）》指出，近 60 年来，东北黑土地耕作层土壤有机质含量平均下降 1/3，部分地区下降 1/2。

黑土之殇！

最近，联合国防治荒漠化公约发布一份评估报告警告说，土地退化将在未来 30 年内给全球带来 23 万亿美元的经济损失，而立刻采取行动则可以挽回大部分损失。

近日，省委书记巴音朝鲁到四平市梨树县，实地检查、指导抗旱保全苗工作，对秸秆覆盖还田保护性耕作技术给予充分肯定。

四平作为农业大市、粮食主产区，始终在为国家承担着一份沉甸甸的责任。用市委书记韩福春的话来说："保护好黑土地，不断挖掘粮食增产潜力，集成推广先进技术，保障国家粮食安全，是我们义不容辞的责任。"

研究问题，探索路径，试点引领；破除阻力、政策激励、现场观摩；出台《方案》《意见》，建示范区，追加补贴——力度之大、措施之实，堪称全力以赴。


秸秆全覆盖，种植宽窄行，施肥测土方——"梨树模式"：黑土慢慢"回来"了

6 月 13 日，天空依旧不见阴云。"打上次人工降雨，这又十多天没来雨了。"这是梨树县 53 年来最强春旱！

可旱情似乎没影响到梨树县八里庙村种粮大户卢伟："咱这地不怕，不信你瞅瞅。"卢伟蹲下身子，在盖着棉被一样的秸秆下面，手一扒一抠再一攥，一抔掺杂细碎秸秆的黑土被瞬间握成了团。

"如果没有水分，咋能成团？再往深里扣，还能挖着蚯蚓呢，这是秸秆覆盖的功劳啊！"

没有对比就没有"伤害"。

仅一路之隔的另一块地，是未经秸秆还田的传统种法，只见大大小小的玉米苗参差不齐。"这就是所谓的'四世同堂'，一大家子老的少的都有，完全不在一个起跑线上。而且大量施肥也不行，地力一年差一年！"梨树县农技推广总站站长王贵满的眉心，挤进了一丝愁容："秸秆全覆盖还没有全铺开啊！"

10多年了，一直致力于黑土地保护的王贵满依旧心有戚戚："超负荷产出、化肥农药大量使用，这里的土地再也不是'捏把黑土冒油花，插根筷子能发芽'了！"（图6.17）

图 6.17

吉林省土壤肥料总站2017年10月完成的一份调研报告显示，开垦初期，黑土层厚度一般在60～80 cm，深的可达100 cm。目前，吉林省黑土腐殖质层厚度大于30 cm的占总面积的35%，20～30 cm的占38%，小于20 cm的占27%（其中完全丧失腐殖质层的占3%）。

"土壤内矿物质和微生物大量消耗，化肥残留，加之水土流失，这黑土哪里还有生命力？"王贵满说，"以前用农家肥，秸秆经过家畜的消化，变成粪便又回到地里。大量用化肥后，秸秆烧掉，费力费工的农家肥也不用了，黑土的营养就这样一点点地流失掉了。"

"不能让黑土在咱这一辈手里整没了!"王贵满和很多种粮大户都是一样想法。

为了保护黑土,梨树县作了一系列探索。保墒、防风蚀、增加有机质。在王贵满看来,秸秆覆盖还田、轮作,是养地护地最经济有效的方式。

2007 年,高家村一块 200 多亩连片地块,成为"秸秆全覆盖"试验田。采用宽窄行种植模式,窄行上两垄玉米一般间隔 40 cm,宽行间隔 80 cm,上面覆盖秸秆。第二年,80 cm 的宽行中间取 40 cm 种植玉米,上年的窄行变宽行堆秸秆(图 6.18)。

图 6.18　高家村"秸秆全覆盖"试验田

在这个过程中,秸秆全部还田覆盖地表,耕作次数减到最少,让秸秆有时间缓慢腐烂。免耕播种机一次性作业,不整理土地,不起垄,直接完成播种、施肥等所有工序。

在这块试验田里,中科院、中国农业大学和吉林省农科院等单位的研究人员,围绕玉米秸秆全覆盖,逐步探索建立起较为成熟的耕作技术体系。

"梨树模式"呼之而出。

　　中国农业大学科研团队监测显示，试验田保水能力相当于增加 $40 \sim 50$ cm 降水，减少土壤流失80%左右；土壤有机质呈递增趋势，1公顷秸秆还田，相当于补充钾肥60公斤、氮肥200公斤，表层 $0 \sim 5$ cm 形成有机质积累。全秸秆覆盖免耕5年后，减少化肥使用量20%左右，土壤有机质增加20%左右，每平方米蚯蚓的数量达120多条，是常规垄作的6倍。

　　10年过去，从一块试验田起步，如今秸秆全覆盖耕作推广示范面积达30万亩，今年底，梨树县秸秆还田面积将达150万亩。

　　为全面推进黑土地保护，2016年以来，梨树建设高标准农田近60万亩，测土配方精准施肥全面铺开，耕作层深松深耕等一系列新技术全面推开。

　　"黑土地保护需要政策拉动、种粮大户带动，还有科技支撑。"王贵满深有感触。为推动黑土地保护，梨树县吸引南来北往的专家和科研单位在当地落脚。

　　如今，从中国农业大学梨树实验站，到村头地边的"科技小院"，来自各大高校、科研机构的200余位科研人员常年在梨树搞科研。自2015年起，已经连续三年举办"梨树黑土地论坛"，已有包括11位院士在内的国内外160余位专家为保护黑土地支招（图6.19）。

图6.19　梨树黑土地论坛年会现场

推广有阻力，示范来破题——"双辽速度"：大地免耕超九成

秸秆覆盖、免耕播种技术的推广，起初并不顺利。但也正是这个"不顺利"，催生了"双辽速度"。

双辽农机推广站2010年利用吉林省示范项目购进了8台康达免耕播种机，在卧虎、向阳、那木等乡镇开展示范推广工作。其中一台落到了卧虎镇学文合作社张学文那里（图6.20）。

图6.20　康达免耕播种机

"你是村里的能人，威望高，老百姓信你，你来带个头！"张学文依稀记得当年双辽农机推广站站长吴冠军的殷切嘱托。

"先种上了自己的地，又自个儿掏钱给大伙耕作，1垧地花150元。那机器快呀，没几天就种完50垧。可当看到满地横七竖八躺那儿的秸秆，老百姓炸了，说这就是'埋汰地'，正经庄稼人谁能这么干，白信任我了。还有两口子因这事闹离婚的，我差点儿成了人人喊打的过街老鼠！"回忆起当时的场景，张学文一脸苦笑。

转眼到了出苗期。到地里一看，采用秸秆还田免耕播种的庄稼，一溜烟地

苗齐、苗壮、成线，还抗旱，楞把传统种法比下去了。但有人还嘀咕："侥幸罢了！"

秋后算账，免耕播种比传统产量高了两三成！真金白银彻底击碎了疑惑，第二年，不仅合作社抢先购买康达农机，连"散户"也开始购买了。这一年，双辽增加了70台免耕机，而且逐年上升，现在保有量已达到2000台，免耕率达到90%以上。

近几年，一到春耕时节，双辽市那木乡井岗村笑天农机种植专业合作社理事长王铁军家的院子，就挤满了找他种地的人。"那可才凌晨3点多啊，满院子的人都是拿钱砸我啊！因为都想抢先，还有撕破脸干仗的。"喝了口水，快人快语的王铁军得意地说："刚买机器那个春耕，450块钱一垧给别人种地，一个春天我种了280垧，全是免耕播种，除去投入，我还净赚了3万多块呢！"

双辽还针对自身实际，"因地制宜"地探究出一套"收割机粉碎还田覆盖等行距原垄种植"模式。

"秋后将秸秆粉碎覆盖在地表，第二年开春，不动土，直接在原根茬旁用免耕播种机播种，出苗后进行一次中耕，即可除去苗带杂草，又可少量覆土起垄，苗中期提高土壤蓄水能力，等行距便于收割机作业。"双辽市农机局副局长张彦军介绍。

推广新技术，资金是助攻手。从2010年到现在，双辽市累计投入补贴资金3690万元。在此基础上，还利用省级发展农业生产补贴资金，先后发放保护性耕作作业补贴4234万元。

而早在2009年，双辽市就将保护性耕作技术推广命名为"双辽市沃土肥田工程"；2011年，专门成立了保护性耕作技术推进机构；2014年，全市免耕技术推广服务普遍推开；2015年，做到了服务范围无死角；到今年，则实现了全市保护性耕作技术全覆盖。

连续多年的秸秆还田，让双辽的沙土地渐渐改换了模样。

"保黑"见新招，"标配"有新解——"伊通路径"："自选动作"也出彩
客观地说，伊通县的保护性耕作没有梨树动手早，也不及双辽的速度，但

他们的"自选动作"也很出彩。

实施秸秆全覆盖，伊通有点儿"特殊"。伊通玉鹏农机专业合作社负责人张鹏举，听到了"有价值"的信息："咱不能和双辽比啊，人家沙土地里出来的秸秆又细又轻，不到一年就彻底还田了，可咱伊通土质相对肥沃，那秸秆又粗又壮，还没等全烂掉，第二茬秸秆又下来了。不能全还田啊！"

灵机一动，张鹏举在秸秆还田的地块，抽出一半秸秆，粉碎制成无灰尘、超浓缩的颗粒燃料。"一吨能产出 3700 大卡热量，和燃煤差不多，还不出灰。"这一革新，改变了伊通很多农村家庭的"标配"。

"那大型免耕机只适合在平地作业，遇着山坡半山坡地段，它也上不去啊！"伊通民亿农业机械制造有限公司工作人员说，"我们'让开大路走两厢'，研制出单体免耕播种机，正好适合坡体免耕播种，而且价格还便宜，3000 多块钱，一般家庭都能承受。"

保护黑土地，伊通还有新式"武器"：蚯蚓。

吉林大晋华盛生物科技有限公司，是一家以蚯蚓养殖为主的民营企业，其业务之一，就是利用蚯蚓保护黑土地。公司董事长王文东说，蚯蚓粪含有丰富的氨、磷、钾、微量元素等，可有效改善土壤结构，是有机、绿色肥料。去年，公司就在伊通境内秸秆打包 1 万垧地、40 万包，约 10 万吨，全部用于蚯蚓养殖；今年，公司还将打包 10 万垧地、400 万包，约 100 万吨，一年就将增长 10 倍。

保护性耕作有账算。伊通盛鑫合作社理事长李克明说："以前为了提高产量，我使劲往地里撒化肥，每公顷要用 2000 斤，也不在乎破不破坏黑土。使用秸秆还田的第一年，我用了 1800 斤也没减产，第二年我又少撒了 100 斤，产量也没啥变化。今年是第三年，我又少用了 100 斤，从现在的苗情看，产量只多不少！"

秸秆机械化还田，示范区规模化建设——"四平智慧"：康达农机一机难求

"能不能搞一台咱自己的免耕机？"

提出这一创意的是几个"专业人才"：中国科学院沈阳生态研究所研究员、博士张旭东，中国科学院长春地理与生态研究所研究员关义新，时任梨树县农机推广站站长苗全、梨树县农业技术推广总站站长王贵满。

那是2008年的春天，4个人正在梨树的大田里研究玉米栽培技术。关玉新研究员突发奇想：能不能搞一台中国的免耕机，方便适用，让种地轻轻松松？

"秸秆覆盖还田已经在尝试，这个可以研究！"张旭东博士说。

王贵满接过话茬："免耕机关键要在播种、施肥、镇压这3个环节发挥作用。"

苗全说："美国和加拿大的免耕机起步早，技术先进，咱们可以去考察。"

就这样，张旭东、王贵满等人奔赴加拿大考察，归来后就沉在实验室里做实验，一遍一遍地做磨具。功夫不负有心人，不久，中国第一台免耕播种机在梨树诞生了。

随即，吉林省康达农业机械有限公司"上线"生产免耕播种机，性能逐步达到国外先进标准，受到市场追捧，销售量逐年增长，被农民誉为"无可挑剔的播种机"（图6.21）。

图6.21　免耕播种机

"啥最能体现农民的认可度？春耕时节进地头，备耕时节去康达，就够了！"四平市农委农机科科长李国兴笑着说。

今年春耕那会儿，梨树镇东方农机经销有限公司每天都有三五成群的农民坐在门口等，就怕免耕机来了自己抢不到。"那机器太好了，不用整地、灭茬，在覆盖秸秆的地上，一次性完成开沟、施肥、播种、覆土全套作业，一走一过就完活。所以，机器越早买越省心。"

可公司经理王丽杰有些无奈："其实我都告诉他们了，我这儿跟四平康达农机预定的 180 多台免耕机早就卖没了，现在想进货都难，康达农机可是一机难求啊！"

康达农机究竟火到什么样？走进公司生产车间，工人们只顾埋头干活，不见一人抬头。车间里，有 20 来个未穿工装的"工人"，正在往免耕机的零部件上拧螺丝，引起了记者的注意。"我们不是公司的人，是农民，来这干活不要工钱，纯是帮忙，这样机器下来的时候才能优先分给我们。"

企业效益好，工人工资高。康达农机的工人月收入在 6000 ~ 12000 元。

今年 4 月，四平市委书记韩福春前往康达农机调研。随即 5 月 3 日四平市政府办公室出台文件《关于推进农作物秸秆综合利用的实施意见（2018-2020）》，提出推进秸秆机械化还田，稳步推进全程机械化示范区建设。

紧接着，四平市农委按照"实施意见"，制定了《四平市全程机械化（保护性耕作及秸秆综合利用）示范区建设实施方案》，计划到 2020 年，全市建成以保护性耕作及秸秆综合利用为主的全程机械化示范区 100 个（标准面积不低于 3000 亩），示范区总面积达到 50 万亩。

此前，为推动保护性耕作机械化，四平市连续两年举办"中国四平·全程机械化峰会——保护性耕作论坛"；梨树"黑土地论坛"已成为国家级专业会议。

一系列举措求真务实、行之有效，人们有理由对保护性耕作寄予厚望。（摘自《吉林日报》）

## 十三、"梨树模式"增产增收效果明显

《四平日报》2018 年 7 月 24 日刊发《"梨树模式"增产增收效果明显》（图6.22）。

图 6.22

"梨树模式"增产增收效果明显

梨树县地处松辽平原腹地，位于世界"三大黑土带"和"黄金玉米带"上，全县粮食产量保持在 50 亿斤阶段性水平，粮食单产全国第一，粮食总产全国第四，猪牛饲养量和瓜菜生产量位居东北之首，是名副其实的"东北粮仓"。

农业大县的责任担当

梨树县的耕地土壤以黑土、黑钙土为主，也面临着其他黑土区一样的发展

难题,由于多年来的掠夺式经营、耕作方法不科学、农业机械化水平不高等因素,导致土壤有机质下降、土壤严重沙化,给县域农业生产带来了严重威胁,因此,恢复改良黑土地、建设高产稳产农田,成了梨树这个农业大县的责任担当。

从 2007 年起,梨树县政府与中国科学院、中国农业大学、中国农科院等科研院所合作,致力于加强黑土地保护与利用,率先实现了秸秆全覆盖技术"国产化"、免耕播种机具"中国化"、耕作技术推广"系统化",率先在东北地区创建了适合我国国情的玉米秸秆覆盖全程机械化栽培技术生产体系——"梨树模式"。

2016 年 3 月 2 日,农民日报整版刊发了《非"镰刀弯"地区玉米怎么种——"梨树"模式值得借鉴》,全面阐释了"梨树模式"的技术关键、栽培流程,引发全国农业生产者的广泛关注。

2016 年 10 月 10 日,梨树县政府在首届中国农业(博鳌)论坛上,发布了《非镰刀弯地区梨树模式》绿皮书,站在博鳌发声,向全世界推介加强黑土保护与利用的"中国方案——梨树模式"。

"梨树模式"推广应用广泛

从 2015 年起,梨树县政府和中国农业大学联合举办了三届梨树黑土地论坛,搭建起了美国、英国、加拿大、俄罗斯等国的院士与中国的院士专家交流互动的平台,院士专家们现场观摩"梨树模式"示范田,分析探讨现代农业发展之路。

十多年来的实践表明,采用宽窄行种植、均匀行平作、均匀行垄作 3 种栽培方式的"梨树模式",率先解决了中国东北黑土区玉米连作、秸秆移除焚烧导致的土壤退化以及衍生的环境问题,率先找到了解决黑土地的保护与利用的"良方"。

2017 年 9 月,梨树县政府和中国农业大学共同投资建设的中国农业大学吉林梨树实验站正式投入使用,面向东北地区打开"科技服务之门",梨树实验站汇集"高端论坛、科技创新、成果转化、人才培养、服务三农"平台作用,正在成为辐射东北三省一区的科技中心。

吉林梨树实验站还不断加快科技联盟建设，在东北地区先后建立了吉林梨树实验站的工作站 10 个，其中吉林省内 7 个；建立了吉林省黑土地保护与利用院士工作站的试验示范基地 38 个，其中吉林省内 25 个，培育了一批引领东北粮食生产区玉米保护性耕作的典型，2018 年推广示范面积达到 150 万亩。

### "梨树模式"作用效果明显

"梨树模式"的增产增收效果，是经得起实践检验的，是被农民普遍认可的，特别是在东北春旱时节，效果特别明显。

蓄水保墒。秸秆覆盖免耕保持了土壤孔隙度，孔径分布均匀，连续而且稳定，因此，有较高的入渗能力和保水能力，可把雨水和灌溉水更多的保持在耕层内。而覆盖在地表的秸秆又可减少土壤水分蒸发，据测定，秸秆覆盖免耕地块保水能力相当于增加 40 ～ 50 mm 降水。

培肥地力。增加土壤有机质，连年秸秆覆盖还田，土壤有机质递增，全秸秆覆盖免耕 5 年后，土壤有机质可以增加 20% 左右；减少侵蚀，保护耕地。风蚀和水蚀不仅恶化环境，而且带走大量肥沃的表土，实施保护性耕作平均可减少径流量 60%、减少土壤流失 80% 左右，具有明显的防止水土流失效果；土壤生物性状改善。在保护性耕作田块，每平方米蚯蚓的数量达到 60 ～ 80 条，是常规垄作的 4 ～ 5 倍。蚯蚓数量的增加使土壤的生物性状得到了改善。

保护环境。大面积实施可以有效抑制"沙尘暴"。此外，由于秸秆还田，还有效避免了焚烧秸秆造成的大气污染。

节本增效。免耕播种机一次作业工序完成秸秆处理、开沟、播种、覆土、镇压等，减少了作业环节，作业费用低，生产成本大幅节约，劳动强度也明显降低。每亩可节约成本 80 ～ 100 元；增产效果明显。绿色高产高效项目区总应用面积 25.2 万亩，经过测产玉米平均亩产达到了 830.7 公斤，比实施前 710.4 公斤增产 16.9%。每亩节约成本 100 元，亩增收 240 元，总增收 6000 万元。（摘自《四平日报》）

### 十四、藏粮于技　谋利于民

《中国自然资源报》2018 年 8 月 13 日刊发《藏粮于技　谋利于民》（图 6.23）。

图 6.23

### 藏粮于技　谋利于民

"捏把黑土冒油花，插根筷子能发芽。"这是世代生活在黑土地上的百姓流传的一句顺口溜。作为世界公认最肥沃的土壤，黑土区在全球仅有三片，分别位于乌克兰第聂伯河畔、美国密西西比河流域和我国东北平原。黑土地资源宝贵且稀缺。

在地处松辽平原腹地的吉林省梨树县，这里的农民素来相信"守着黑土不愁粮"。作为全国产粮大县，梨树的粮食总产量多年保持在 50 亿斤以上。然而，高产的背后却是黑土地的长期"透支"。黑土层变薄、土壤有机质下降，成了摆在梨树人民面前的难题。

2015年，习近平总书记在吉林省视察时曾强调，黑土地是吉林农业发展得天独厚的条件，要切实把黑土地保护好、利用好。

当前，梨树县依托中国科学院、中国农业大学等科研院校打造出了"宽窄行种植，秸秆全覆盖"的"梨树模式"来保护黑土地，并通过发展绿色农业，带动越来越多的农民加入到黑土地保护的队伍中来。

### 重用轻养 黑土地惊现"破皮黄"

"以前，咱这儿的黑土地那叫一个肥！小时候，村里的老人告诉我，我们的土地是一块宝地，长在上面的庄稼收成都特别好。"家住梨树镇八里庙村的种田大户卢伟已经种了半辈子地，如今的他仍能记起从前黑土地的松软与肥沃。

然而，从20世纪80年代初开始，黑土地变了样儿。

"从1983年第一轮土地承包开始到现在，30多年的时间，农民追求产量的同时，大都没有养地的概念，眼看着农家肥用得越来越少，黑土开始慢慢变黄，从地上往下翻10多厘米就看到黄土了，用我们这的土话说就是'破皮黄'。"卢伟见证了这一系列改变。

据监测，吉林省的黑土层现已由开垦初期的80～100 cm下降到了20～30 cm，很多地方已露出黄土；与流失速度形成鲜明对比的是，黑土地的形成极为缓慢，在自然条件下形成1 cm厚的黑土层，需要200～400年。

梨树县农业技术推广总站书记赵丽娟告诉记者："黑土地之所以肥沃，是因为它的上面有一层黑色的腐殖质。黑土的土质疏松，有机质含量高于其他土壤，最适宜耕种。"

但同时她也表示，目前吉林省黑土地的土壤有机质含量已经从50年代初期的8%下降到现在的不足2%，土壤有机质含量的持续降低，也让土壤板结愈发严重。

黑土地变薄、变硬，随之而来的就是地力的下降，这让卢伟很是忧虑。"为了保证产量，只能一年比一年多下肥，就怕挣不着钱！"然而，化肥施得越多，黑土土壤的有机质就被消耗得越快，再加之水土不断流失，黑土地越发没了往日的生命力。

"土地就是咱们农民的命根子，可不能让这祖辈口中的宝地就这么没了啊！"卢伟琢磨着，是时候做点啥了。

### 藏粮于技　黑土地喜获好收成

梨树十万亩高标准农田里，玉米在北方的艳阳下寸寸拔节，苗壮生长。

实际上，今年的梨树县遭遇了 50 年一遇的大旱，但地里的玉米植株并没有受到影响，依旧长势喜人。"多亏了我们实施的'宽窄行种植，秸秆全覆盖'种植模式。"站在玉米地里，赵丽娟拨弄着玉米穗子，笑得格外灿烂。

2007 年 5 月，中科院"东北黑土培肥料增碳研究"课题组的负责人张旭东，带领团队找到了梨树县农业技术推广总站的站长王贵满，决定在梨树镇高家村设立"高家保护性耕作研发基地"。高家村一块 225 亩的连片地块，成了秸秆全覆盖耕作技术的试验田。

"在这块田里，我们打破了传统的等行种植方法，将两垄或三垄玉米合并种两行，中间行距有宽有窄，窄行上种植玉米，宽行上覆盖秸秆，来年宽行中间取 40 cm 种玉米，窄行则可变成宽行堆秸秆。"赵丽娟介绍道。

赵丽娟告诉记者，秸秆覆盖地表，宽窄行轮作，能够将耕作次数减到最少，春天的时候使用免耕播种机，就能够完成从播种、施肥到收割的一次性作业。同时，秸秆在地里自然腐烂的过程，增加了土壤的有机质，能够有效保护土地。

新技术也让在地里摸爬滚打了大半辈子的卢伟从中找到了"新灵感"。

村民眼中颇有头脑的他，在 2011 年成立了农业合作社，带领村民保护好、利用好黑土地成了他的新目标。2013 年，他从合作社拿出了 160 多亩土地，在全村率先采用大宽窄行种植模式，这一种就是五年多。

"2015 年我遇上了伏旱，只有头伏下了透雨，二伏三伏都没有下雨，我按照秸秆全覆盖的模式种地，把上一年的水分和头伏的降水全部储存下来，在别人大幅减产的时候，我们的粮食一点都没少打。"卢伟说。

更让他惊喜的是，由于秸秆腐烂带来了土壤有机质增加，让化肥的投入量越来越少，土壤板结情况大幅减少，即使遇到东北春季的大风，秸秆覆盖的地块也能安然无恙。

"没想到在我自己的地里也能再次看到黑土了！"蹲在地头，卢伟扒拉开有些腐烂的秸秆，看着手里湿润成团的土壤，喜上眉梢，"我种的苞米都扎根到地下 1 m 多了，黑土地长出来的芽也壮，今年的收成不会差！"

"通过观测发现，实施秸秆覆盖的黑土地，表层 0～2 cm 土壤有机质含量增加 40%，耕层有机质含量增加近 13%，每立方米蚯蚓的数量是常规垄作的 6 倍。"梨树县国土资源局局长刘劲松介绍道。

藏粮于地，藏粮于技。耕地的持续保护，技术的创新升级，从前农民口中的"破皮黄"正在找回往日的油润、肥沃，而"梨树模式"也逐渐推广到了吉林的长春、双辽、榆树以及黑龙江、内蒙古等地。

### 谋利于民 黑土地福泽惠千秋

新技术的推广，实际并不容易，想要让老百姓信服，关键是要给百姓算个"明白账"，真正做到谋利于民。

"传统的方法从种到收需要 1800 元左右，而采用秸秆全覆盖的模式不仅一分钱不花，还能得到每公顷 375 块钱的深松补贴，除去每公顷不到 175 块钱的成本，新技术能够节约 2000 多块钱呢。"卢伟算了一笔"经济账"。

看得见的收益，调动了更多农民的积极性。以高家村的试验田为起点，十一年的时间，采用秸秆全覆盖技术的农田面积已达到 50 多万亩，全县 10 万余户农民参与其中。

为进一步发挥秸秆全覆盖技术带给黑土地的经济效益，增加农民收入，梨树县走上了调整生产结构、发展绿色农业的道路。

2017 年，梨树大力调整种植结构，减少近 35 万亩的玉米种植面积，开展大豆种植，把近 6 万亩耕地作为轮作试点。除了传统的玉米种植之外，梨树还打造了以玉米、瓜菜、白猪、九月青豆角为代表的农业品牌。

　　"今明两年，我们要将梨树的玉米打造成金字招牌。"赵丽娟说，从去年起，梨树开始了 100 万亩绿色食品原料标准化生产基地的建设，当作为原材料的玉米变成"绿色食品"后，用它喂养出的猪和鸡自然也是"绿色"的。目前，梨树拥有已认定的"三品一标"无公害产品 140 个、绿色产品 41 个、有机产品 4 个。

　　如今，卢伟带领着自己的合作社也走上了绿色农业的道路，开始了玉米与杂粮的轮作。"我们现在开始自己加工'笨面'，头年种大豆，用养殖场的废料当作农家肥养地一年，第二年再种玉米的时候，使用的也是有机肥。"现在卢伟的合作社已有 155 户农民，每家年收入能够达到 4~5 万元。

　　"算来算去，保护好、利用好黑土地最终还是我们老百姓得了实惠。"卢伟对这片广袤肥沃的土地充满了信心。

　　今年 7 月 1 日起，《吉林省黑土地保护条例》正式施行，这也是我国首部黑土地保护的地方性法规。

　　"保护条例的出台为黑土地保护提供了'尚方宝剑'。"刘劲松说，下一步要调动更多农民积极参与到黑土地的保护中来。（摘自《中国自然资源报》）

# 第 7 章
# 大事记

## "梨树模式"发展大事记（2006—2019 年）

自 2006 年起，中国科学院沈阳应用生态研究所、中国科学院东北地理与农业生态研究所和梨树县农业技术推广总站合作，在梨树县开始了玉米秸秆覆盖免耕栽培技术的深度研发和示范推广。

经过 10 多年的研究完善和示范推广，现以建立科研单位、大专院校、农技推广单位、企业、农机作业队"五位一体"的推广模式，并以中国农业大学、中国科学院、沈阳农科院、沈阳农业大学、吉林师范大学、康达公司等 10 余家科研单位及大专院校形成体系联盟。目前，以梨树为核心的四省一区示范基地已建立形成，包括辽宁、吉林、内蒙古、黑龙江，技术示范面积已经扩大近1500 万亩。

多年来，玉米秸秆覆盖免耕栽培技术得到了各级领导、农业专家的关注与关怀，自 2007 年玉米保护性耕作基地建立以来，接待国家、省、市各级领导，国内外农业专家到梨树县调研 200 余次。此外，玉米秸秆覆盖免耕栽培技术得到了国际友人的关注，加拿大、德国、美国、朝鲜等国的农业专家纷纷来到梨树县进行考察与交流，该项技术得到央视七套、吉林卫视、吉视乡村、吉林广播电台多次报道。

## 2006 年

秋季，吉林省土壤肥料总站马兵副站长邀请中国科学院沈阳应用生态研究所张旭东研究员和中国科学院东北地理与农业生态研究所张晓平研究员就梨树县玉米免耕栽培技术的推广示范等事宜，多次进行实地考察。

## 2007 年

3 月 3 日，省土壤肥料站马兵副站长陪同中国科学院沈阳应用生态研究所张旭东研究员来梨树县高家村落实玉米免耕栽培示范项目。

5 月 5—7 日，中国科学院沈阳应用生态研究所张旭东研究员在高家村进行玉米免耕栽培工作示范，同行人员有中国科学院东北地理与农业生态研究所张晓平研究员，吉林省土壤肥料总站马兵副站长。

9 月，梨树县康达农业开发有限责任公司开始研制免耕播种机。

10 月 3 日，加拿大农业与农业食品研究所的 Neil McLaughlin 教授到梨树县梨树镇高家村玉米秸秆覆盖免耕技术示范区现场实地参观考察。

## 2008 年

年初，根据农民的愿望和该技术的发展趋势，中国科学院沈阳应用生态研究所张旭东研究员和梨树县农业总站在林海镇揣家洼子村、榆树台徐家林场、四棵树付家街村的不同土壤类型区建立玉米免耕栽培示范点，示范面积近 1500 亩。

1 月 15 日，原吉林省农委主任任克军在高家村考察免耕播种机的研制，听取机具研发人关义新博士的汇报。

3 月，第一台免耕播种机研制成功，并通过了吉林省农业机械试验鉴定站的产品鉴定和推广鉴定。

4 月 30 日，吉林电视台来四棵树乡、林海镇录制玉米免耕栽培技术节目。

8 月 16 日，中国农业大学、吉林省农业科学院环资中心等有关专家到梨树县万发镇、金山乡、梨树镇参观 "东北黑土区保护性耕作技术集成研究与示范"

与三项玉米保护性耕作栽培技术，得到了专家的一致认可。

8月24日，中国科学院沈阳应用生态研究所张旭东研究员和中国科学院东北地理与农业生态研究所张晓平研究员一同调研高家村玉米免耕栽培技术试验。

9月9日，原吉林省农业委员会陈巳副主任到梨树县高家、林海、金山、小城子等地参观玉米秸秆覆盖免耕技术示范区。

11月4日，全国农业推广服务中心相关人员到梨树县调研，期间实地到玉米秸秆覆盖免耕技术示范区调研。

2009 年

3月6日，中国科学院沈阳应用生态研究所沈阳生态实验站孙毅副站长来林海镇为农民培训玉米免耕栽培技术。

4月18日，中国农业大学资源与环境学院院长张福锁教授、中国科学院沈阳应用生态研究所张旭东研究员、吉林农业大学赵兰坡教授、省土壤肥料总站的杨大成、王剑锋等一行来梨树县高家村参观调研玉米秸秆覆盖免耕技术示范区。

5月8日，中国科学院沈阳应用生态研究所张旭东研究员陪同加拿大农业与农业食品部杨学明教授和杨靖一教授来梨树县进行考察访问。加方正式加盟该项技术体系的研发。

5月14日，原吉林省农业委员会科技处肖珍武处长到高家村参观指导玉米秸秆覆盖免耕技术。

7月17日，原农业部测土配方施肥专家组一行26人，参观考察梨树县高产创建活动。先后参观了四棵树乡万亩高产高效示范方、玉米膜下滴灌高产高效示范田、农户高产创建试验田及示范田、氮肥优化系列试验、高家玉米秸秆覆盖保护性耕作技术示范、林海镇风沙土保护性耕作等高产创建活动的重点内容。在四棵树乡三棵树村开展了有100多名农民参加的高产高效示范方技术现场咨询。

8月20日，吉林省农业委员会有关专家对免耕播种机进行机具科技成果鉴定。鉴定结论：该免耕播种机属国内首创，技术性能达到国内领先水平。吉林省科技厅将 2BMZF 系列免耕播种机确定为吉林省科技成果。

9 月 13 日，中国科学院沈阳应用生态研究所和梨树县农业技术推广总站举办了玉米保护性耕作综合技术攻关研讨会。

9 月 10—19 日，梨树县农业技术推广总站组织全县千名农业科技示范户进行培训。由国家级省级专家与推广总站科技人员进行讲解、答疑、座谈，并到高家村、四棵树乡参观保护性耕作技术地块。

12 月 9 日，吉林省康达农业机械有限公司正式挂牌，专业生产免耕播种机。

## 2010 年

3 月 27 日，中国科学院沈阳应用生态研究所在梨树县举办了玉米保护性耕作综合技术攻关研讨会和北方玉米带秸秆覆盖免耕技术攻关研讨会。国内相关科研单位、大专院校的专家参加了座谈和学术研究。会上，举行了中国科学院保护性耕作基地成立仪式，并为基地揭牌。

5 月 24—28 日，中国科学院沈阳应用生态研究所张旭东研究员、中国农业大学资环学院李保国副院长与梨树县农业技术推广总站王贵满站长等一行远赴加拿大考察玉米免耕技术。

9 月 29 日，在吉林卫视新闻频道播出玉米免耕栽培技术。

10 月 16 日，以朝鲜民主主义人民共和国两江道农村经理委员会副委员长林仁根为团长的两江道农业代表团一行 8 人到梨树县保护性耕作基地考察，并做学术交流。

10 月 29 日，国家农业综合开发办公室王建国主任参观考察高家玉米秸秆免耕全覆盖技术，并责成梨树县提供翔实的技术资料和示范推广情况。

## 2011 年

4 月 15—16 日，东北玉米免耕种植模式暨农业节水研讨会在梨树县农业推广总站召开。中国农业大学、中国科学院沈阳应用生态研究所、中国科学院东北地理所、黑龙江大学、沈阳农业大学、吉林农业大学、吉林省农科院、先正达公司等 15 个单位 25 名专家学者参加了会议。

5 月 15 日，中国科学院沈阳应用生态研究所张旭东研究员陪同美国田纳西大学教授 Gary Sayler、Randall W. Gentry 和庄杰研究员一行来高家村参观玉米秸秆覆盖免耕技术示范区。

7 月 12 日，省科协领导到高家玉米保护性耕作研发基地调研。

9 月 12 日，中科院沈阳生态所张旭东陪同国外专家到高家视察，并接受中央电视台记者采访，对玉米免耕栽培工作给以肯定。

## 2012 年

3 月 5 日，国家农业部财务司司长邓庆海、财务司专项资金处处长范洪明对梨树县玉米免耕抗旱栽培技术的实施情况进行调研。

3 月 22 日，玉米免耕栽培技术在央视七套《农广天地》栏目播出。

3 月 27 日，发展改革委东北振兴司赵文广处长到高家村视察玉米免耕栽培技术。

4 月 29 日，玉米免耕栽培技术专题片在吉林卫视新闻频道播出。

5 月 5 日，中国科学院东北地理与农业生态研究所张晓平研究员到梨树县林海镇视察保护性耕作。

## 2013 年

4 月 23 日，四棵树乡举办春耕免耕播种展示现场会，演示免耕播种。

6 月 13 日，吉林省委调研组高级专家杜少先等一行 5 人到四棵树乡视察玉米免耕全覆盖技术。

6 月 22 日，中国农业大学张福锁等农业专家到高家视察玉米免耕栽培技术。

7 月 15 日，中国科学院沈阳应用生态研究所张旭东研究员到四棵树乡调查秸秆免耕全覆盖玉米长势情况。

## 2014 年

1 月 11 日，东北玉米免耕种植技术攻关研讨会在四平市吉平宾馆召开。

4 月 3 日，农业部对外经济合作中心副主任冯勇带队一行 4 人到梨树县四棵树乡保护性耕作基地调研。

6 月 21 日，中国农业大学书记姜沛民、副校长李召虎、中国农业大学戴景瑞院士、华南农业大学罗锡文院士、中国科学院水生生物所朱作言院士、农业部科技司司长刘艳、中国农业大学科研院胡小松院长、中国农业大学张福锁教授等农业方面院士、教授、专家等一行 37 人到梨树县，就推动梨树农业产业发展进行参观考察。期间，考察了梨树县的玉米免耕栽培技术。

7 月 22 日，农业部耕地质量建设与管理调研工作座谈会在梨树县召开。

7 月 23 日，东北师范大学师生在梨树县调研期间，到四棵树乡考察玉米免耕秸秆全覆盖的田间长势。

8 月 2 日，国土资源部科研工作站在中国农业大学吉林梨树实验站揭牌。

8 月 27 日，全国农技推广系统体系建设工作会议在吉林省召开期间，与会代表们考察了梨树县玉米秸秆全覆盖免耕保护性耕作基地。

9 月 21 日，吉林省珲春市农广校组织本市种粮大户 50 余人到梨树县考察学习期间，参观高家玉米保护性研发基地保护性耕作技术。

9 月 28 日，内蒙古自治区呼伦贝尔市农业部门到梨树县考察学习期间，参观高家玉米保护性研发基地保护性耕作技术。

10 月 10 日，农业部科教司推广处郝先荣处长到梨树县高家玉米保护性研发基地视察玉米免耕栽培技术。

11 月 5 日，吉林省农委组织专家对"玉米秸秆覆盖全程机械化生产技术体系创新与应用"项目进行了评议。专家一致认为，该项技术对抗旱保墒提高保苗率具有明显效果；对防止耕地土壤侵蚀和肥力退化具有显著作用；是提高秸秆利用率，解决秸秆焚烧问题的有效途径；开发了免耕播种机等系列配套机具，为以秸秆还田为核心的新型耕作技术体系的建立提供了有力支撑。

12 月 27 日，黑土地免耕农作技术体系创新与应用研讨会在中国农业大学召开，主题为"保护培育黑土地，高产高效可持续"。在此次会议上，黑土区免耕农作技术创新与应用联盟正式成立。

## 2015 年

4月14日，吉林省农委科教处组织全省各市县农业技术推广骨干在梨树县举办了"吉林省玉米保护性耕作技术培训班"，有近200余人参加了此次培训班。

8月4日，吉林省科技厅批准正式成立了吉林省梨树县黑土地保护与利用院士工作站，为继续深入研究黑土地资源的保护与利用提供了科学平台。

9月7—8日，首届"梨树黑土地论坛"在梨树县隆重召开。梨树黑土地论坛是由梨树县人民政府和中国农业大学联合举办的大型学术交流活动，旨在搭建起多学科、多角度、多层次的交流互动平台和区域化科学研究平台，在全国推进黑土地利用和保护中率先破题，为吉林省率先实现农业现代化助力。论坛上，石元春、武维华、李德发3位院士和来自全国各地的27位专家学者，举行了多场学术报告，从黑土地可持续利用、经营管理模式、黑土地区现代农业产业模式与发展、气候变化及农业减灾等方面开展交流，探讨了黑土地可持续利用的关键科学问题，解决黑土地"用养脱节"的技术措施等问题。

9月7日，吉林省梨树黑土地保护与利用院士工作站揭牌。

12月12—14日，梨树黑土地论坛·2015实践篇系列会议在梨树县召开。此次会议包括2015年梨树黑土地论坛学术交流研讨会、玉米千（百）亩方高产高效表彰大会和梨树县粮食高产竞赛农民研讨会。

## 2016 年

5月下旬，东北黑土地保护与利用科技创新联盟常务副秘书长李社潮研究员，自费赴美国伊利偌依、爱荷华和堪萨斯3个州，考察美国保护性耕作。先后走访了2所大学、3家工厂、3家农机经销商和5个家庭农场，撰写多篇美国保护性耕作发展情况考察报告。

6月28—30日，"现代农业发展道路国际学术研讨会"在梨树县举行。中国工程院院士、中国工程院副院长刘旭，中国科学院院士朱作言，中国工程院院士程顺和，中国农业大学校长柯炳生及英国皇家院士 Bill Davis 等国内外专家学者，中国农业大学吉林梨树实验站驻站研究生，以及梨树县农技推广人员100 余人出席研讨会。研讨会上，各位专家学者围绕加快农业发展方式转变，走出一条产出高效、产品安全、资源节约、环境友好的现代农业发展道路问题展开交流探讨。

9 月 1—2 日，"梨树黑土地论坛"第二届年会召开。出席论坛的有中国农业大学校长柯炳生，中国科学院院士刘兴土、武维华，中国工程院李天来、康绍忠院士，国务院参事、中国农业大学何秀荣教授，中国科学院沈阳生态所姬兰柱所长，国土资源部土地整理中心副主任郧文聚研究员，农业部农技推广中心李荣处长，吉林省国土厅周力厅长，以及来自美国、加拿大的外国专家和国内专家等。论坛期间，国内外专家学者围绕"结构调整与绿色发展"这一主题，交流了黑土地区农业现代化中的新理论、新经验、新技术和新模式，探讨了需要解决的关键政策、理念、技术等问题。

10 月 11 日，梨树黑土地（博鳌）论坛暨农产品推介招商会在海南博鳌举行。此次论坛以"肥沃黑土、优质绿色"为主题，全方位推介了梨树的资源禀赋和优惠政策，全景展示梨树现代农业发展成果，旨在推进绿色农产品项目开发，推广"非镰刀弯地区梨树模式"，加速实现农业现代化。论坛期间，梨树县发布了《非镰刀弯地区梨树模式绿皮书》，荣获了"黑土地保护示范县""中国优质绿色农产品创新研发基地""中国农民专业合作社创新示范基地县""中国农业（博鳌）论坛理事会单位"等荣誉称号，授予梨树县农业局副局长、梨树县农业技术推广总站站长王贵满"黑土地保护成就奖"。

12 月 3—4 日，梨树黑土地论坛·2016 实践篇系列会议在梨树县召开。此次大会包括 2016 年"梨树黑土地论坛"理事会第三次会议、黑土地保护与利用科技创新联盟年度总结暨院士工作站示范基地建设会议、2016 年中国农业大学吉林梨树实验站学术报告会和 2016 年梨树县玉米千（百）方高产高效竞赛表彰大会。围绕"梨树黑土地论坛"未来如何发展、论坛内容和"科技活动日"的确定、如何常态化开展，以及"梨树模式"包括模式的建立、完善和推广等相关问题进行了热烈讨论。

2017 年

1月，由黑土地保护与利用科技创新联盟牵头创立的"玉米秸秆全量覆盖还田归行处理保护性耕作技术模式"，研发出秸秆归行处理系列产品和提出技术规范要点，使制约东北地区保护性耕作免耕播种的最大瓶颈问题得以破解，从而完善形成了玉米秸秆归行覆盖保护性耕作技术模式体系，为玉米秸秆覆盖免耕播种技术在东北地区的全面推广破解了重大难题，成为全国保护性耕作技术的新亮点。

3月，联盟成员单位，北京德邦大为科技股份公司研发制造的2行、4行免耕播种机，在解决玉米秸秆全量还田下机具通过性等方面技术上有较大的突破；长春市农机研究院研发出秸秆归行系列产品、长春市恩达农业装备公司开发出秸秆全量覆盖下的深松施肥机通过省级农机产品鉴定，这些产品都填补了国内保护性耕作机具的空白。

6月，农业部原副部长、民建中央原副主席、农业专家路明，在时任吉林省农委副主任王峻岩陪同下，先后到吉林省长春市九台区、双辽市、梨树县，专程调研联盟试验示范基地玉米保护性耕作技术的推广应用情况，考察农机合作社保护性耕作关键机具装备，并且向吉林省党政领导提出了大力搞好保护性耕作技术推广应用、保护黑土地的建议。

8月1日，东北黑土地保护与利用科技创新联盟常务副秘书长李社潮研究员撰写的《东北区域保护性耕作技术与机具市场需求》一文收录在《中国秸秆产业蓝皮书：2017》。

9月1—3日，第三届梨树黑土地论坛·2017年会开幕式在中国农业大学梨树实验站召开。论坛期间，参加论坛的国内外专家学者、种粮大户等围绕"创新、融合、绿色"的主题，深入交流中国黑土区农业可持续发展中的新理论、新技术和新模式，探讨农村土地经营管理和农村社会发展问题。开幕式上，还举行了"中国农业大学吉林梨树实验站东北四省区工作站""黑土地院士工作站东北四省区试验示范基地"授牌仪式和签约仪式。

9 月 3 日，由梨树黑土地论坛和东北黑土地保护与利用科技创新联盟共同组织、以"黑土地保护技术的创新与推广"为主题的保护性耕作论坛，在吉林省梨树县举办，来自中国科学院、中国农业大学等的专家、研究员、教授同来自保护性耕作生产第一线的新型农民同台进行报告、交流。

10 月 1 日，东北黑土地保护与利用科技创新联盟常务副秘书长李社潮研究员的专著《保护性耕作技术推广与农机发展》，由中国农业出版社出版正式发行，为保护性耕作发展增加了技术文献成果。

12 月 4 日，由中国农业大学吉林梨树实验站申报的《玉米秸秆覆盖全程机械化等行距平作栽培技术规程》等 3 个规程，经中国版权保护中心审核，根据《作品自愿登记试行办法》规定，予以登记。

12 月 17 日，由黑土地保护与利用科技创新联盟、中国农业大学吉林梨树实验站组织、吉林康达农业机械公司支持的全国第一个保护性高产竞赛活动——东北第一届"康达杯"玉米秸秆覆盖免耕栽培技术高产竞赛圆满结束。来自东北及内蒙古自治区的 200 多个农民合作社、玉米种植大户、家庭农场参赛，49 家合作社、农户获得高产竞赛奖，获奖玉米平均产量比东北地区平均产量高出一倍多。

10 月 25 日，在 2017 年中国农机行业年度大奖评奖中，联盟成员单位吉林省康达农业机械有限公司的 2 行免耕指夹式精量施肥播种机获得产品金奖，北京德邦大为科技有限科技股份公司的 4 行免耕精量播种机获得产品创新奖。

## 2018 年

1 月 10 日，黑土地保护与利用科技创新联盟以不同方式组织、邀请专家、科技工作者、农业管理人员和农民合作社共同推荐评选出"中国 2017 年保护性耕作技术研发推广十件大事"，予以正式发布，在全国得到好评。

3 月 26 日，中国科学院沈阳应用生态研究所朱教君副所长带队赴梨树县考察，梨树县人民政府县长郭志勇、副县长张武、县农业局局长盛天、县农业技术推广总站站长王贵满，沈阳生态所张旭东研究员、解宏图副研究员、科技处聂志文陪同考察。

4月12日，由黑土地保护与利用科技创新联盟组织的保护性耕作技术专家巡回报告团，来到吉林省农安县，由报告团成员中科院沈阳应用生态研究所张旭东研究员、东北黑土地保护与利用科技创新联盟李社潮研究员，分别做保护性耕作技术培训报告。

5月11日，吉林省政策研究室考察梨树县高家村的中科院保护性耕作研发基地。

6月9—12日，由黑土地保护与利用科技创新联盟、中国农业大学吉林梨树实验站、中科院沈阳应用生态研究所等专家、科技人员共同组成的调研指导组，深入到吉林省、黑龙江省和辽宁省15个县（市、区）30个试验示范基地，调研玉米秸秆覆盖保护性耕作出苗情况，进入田间，查苗情、看长势、找问题、交流分析，对下步技术实施提出指导意见。

6月28日，德惠市政府农业主管副市长带队，组织农机总站、乡镇领导、农业站长、农机站长，以及种粮大户、合作社参观考察梨树县秸秆覆盖示范基地、卢伟农业农机合作社（科技示范户），并座谈交流秸秆覆盖梨树模式。

6月30日，环京津冀第二届保护性耕作论坛在天津市举办，黑土地联盟保护与利用科技创新联盟常务副秘书长李社潮研究员、副秘书长苗全研究员，作为专家应邀参加会议，并在论坛上发言，介绍联盟在东北地区推广保护性耕作情况。

7月4日，国家重点研发计划项目"北方玉米化肥农药减肥技术集成与示范"在中国农业大学吉林梨树实验站召开，在梨树镇八里村卢伟合作社秸秆覆盖条带少耕地块召开现场会，有中国农业大学、梨树县农业推广总站、长春恩达农机、黑龙江省农业专家和部分合作社成员等130多人参加了现场观摩会。

7月17日，吉林省委党校调研组参观考察梨树县高家村的科技示范主体中科院保护性耕作研发基地，考察梨树卢伟农机农民专业合作社秸秆覆盖苗情效果。

7月18日，吉林省副省长李悦、四平市政府有关领导，到双辽市调研保护性耕作，深入联盟试验示范基地双辽市秀彬农机合作社的玉米秸秆全覆盖地块进行考察，了解实施效果。基地社长娄秀彬，在田边向李悦副省长等领导介绍了推广应用情况。

9月20—21日，以"乡村振兴、品牌建设"为主题的第四届梨树黑土地论坛年会在中国农业大学吉林梨树实验站召开，来自国内外的100余位专家齐聚梨树，共商现代农业发展大计。

9月20日，中国农业大学国家黑土地现代农业研究院揭牌成立。

9月24日，东北黑土地保护与利用科技创新联盟常务副秘书长李社潮研究员，在长春市九台区举办的农业机械化科技示范主体培训班上，做题为"为什么要推广应用玉米秸秆覆盖保护性耕作技术"的培训报告。

9月，根据黑土地保护与利用院士工作站建设方案，又在辽宁省、吉林省、黑龙江省和内蒙古自治区新确定了第二批13个农民合作社，为黑土地保护与利用院士工作站试验示范基地，培育一批新的引领东北粮食主产区玉米保护性耕作技术的典型。

9月28日，免耕保护性耕作示范项目全体成员在黑龙江省大庆市农技推广中心联盟试验示范基地参观试验示范田。

10月9日，中国科学院大学（中科院沈阳应用生态研究所）研究生实践基地在吉林省梨树县中科院保护性耕作研发基地挂牌，中国科学院沈阳应用生态研究所研究生部副主任（主持工作）付彬参加挂牌仪式。

10月10日，黑土地保护与利用科技创新联盟与中科院沈阳应用生态研究所共同在吉林省农安县青山口乡鑫乾农机合作玉米秸秆覆盖保护性耕块地块，采用不同作业技术环节的地块玉米进行测产。

11月25日，吉林省梨树县农业技术推广总站站长王贵满研究员、东北黑土地保护与利用科技创新联盟常务副秘书长李社潮研究员，应省农委、市场监督局邀请，作为专家参加吉林省保护性耕作3个技术规范评审工作。

12月11—15日，东北黑土地保护与利用科技创新联盟、吉林省黑土地保护与利用院士工作站、中科院沈阳应用生态研究所联合组织专家、科技人员，先后深入吉林省农安县、榆树市、双辽市、前郭县、乾安县和辽宁省昌图县等地，对联盟试验示范基地 2018 年玉米秸秆覆盖保护性耕作实施情况进行调研，走访了联盟 20 多个试验示范基地。

12月15—17日，第四届梨树黑土地论坛实践篇会议在中国农业大学吉林梨树实验站召开。会上来自中国农业大学、中科院沈阳生态应用研究所、吉林农业大学等 11 位专家、22 位硕博研究生做报告。

12月，由梨树县农技推广总站和黑土地保护与利用科技创新联盟共同撰写的《以秸秆覆盖还田为主体模式，扎实推进农业绿色发展》一文收录于《中国绿色农业发展报告（2018）》。

12月26日，吉林省市场监督管理厅（2018年第4号）批准发布吉林省地方标准《玉米秸秆条带免耕生产技术规程》，定于2019年1月30日起实施。

## 2019 年

2月8日，从本月起，黑土地保护与利用科技创新联盟在微信群中创设了《网上科技大讲堂》，邀请专家、科技人员、合作社社长、农机、农资企业等人员，围绕玉米秸秆覆盖保护性耕作技术推广，每月逢8、18、28日晚8点进行，请一位嘉宾就一个专题主讲1小时左右，然后展开互动讨论交流，每期都制作成"美篇"免费传播，收看收听已突破5万人次。

2月25—26日，黑土地保护与利用科技创新联盟应农业农村部黑土地保护培训班的邀请，委派李社潮研究员、董文赫高级工程师，到黑龙江佳木斯市德邦大为公司参加培训活动。

3月20日，黑土地保护与利用科技创新联盟常务副秘书长李社潮研究员应长春市九台区农业农村局邀请，在全区农技推广人员培训班上做题为"打造九台区保护性耕地升级版中，农技推广人员大有作为"的培训报告。

4月27—30日，黑土地保护与利用科技创新联盟常务副秘书长李社潮研究员在加拿大魁北克省蒙特利尔市对保护性耕作技术情况进行了考察。先后走访了麦吉尔大学农学院试验场、2个家庭农场和2家农机经销商，查看了玉米、大豆保护性耕作地块秸秆覆盖情况，就加拿大保护性耕作技术模式和机具等情况，与加方有关人员进行了交流。

6月12日，梨树县农业农村局组织召开了"梨树县玉米秸秆覆盖还田保护性耕作技术培训班"，参加本次培训的主要有梨树县100个梨树模式基地负责人、各乡镇农业站站长及技术骨干，共计120余人。会议主题是宣传推广玉米秸秆覆盖还田保护性耕作技术，提高广大与会人员对黑土地保护与利用的意识，让与会人员亲眼亲见，与专家互动，更好地推广应用玉米秸秆覆盖还田保护性耕作技术。会议特别邀请中国科学院沈阳应用生态研究所张旭东研究员、中国农业科学院作物科学研究所马兴林研究员、中国科学院东北地理与农业生态研究所关义新研究员和梁爱珍研究员、吉林师范大学新型肥料研究中心陈智文教授、吉林省农业技术推广总站谢卫平研究员、青岛农业大学赵延明教授等为受训人员进行培训、答疑解惑。

6月25日，由吉林省人力资源和社会保障厅主办，中国农业大学吉林梨树实验站承办的2019年"黑土地保护与利用"应用技术高级研修班启动仪式在中国农业大学吉林梨树实验站举行。此次研修班旨在进一步提升各试验示范基地黑土地保护技术水平，推进玉米秸秆覆盖保护性耕作技术的质量规范实施，促进各试验示范基地规范发展，加快黑土地保护技术普及应用，全面完成农业农村部黑土地保护试点任务。东北四省区黑土地保护与利用科技创新联盟（吉林省梨树黑土地保护与利用院士工作站）各试验示范基地合作社社长、辽宁省昌图县农业发展中心、吉林市科技局、中国农业大学部分研究生等参加培训。

7月4日，国务院副总理胡春华到中国农业大学吉林梨树实验站保护性耕作研发基地及示范基地进行调研，围绕保护性耕作技术对保护黑土地的效果、对粮食产量的影响，以及如何在东北适宜地区全面推行保护性耕作所需的技术、机具、政策等问题与当地干部、群众及科技人员进行了深入细致的交流。胡春华指出，确保重要农产品特别是粮食有效供给，是农业农村工作的首要任务。

要全面落实"藏粮于地、藏粮于技"战略，积极推行保护性耕作等绿色生产方式，夯实农业基础。

7月16日，黑龙江省农垦总局及科学院带领各农场场长一行32人到中国农业大学吉林梨树实验站、梨树镇高家村中科院保护性耕作研发基地考察，重点围绕秸秆覆盖保护性耕作开展调研。

7月18日，农业部农机推广总站保护性耕作专家考察梨树县秸秆覆盖保护性耕作示范基地，研讨适宜东北地区保护性技术机具的研发推广。